Der Mops

»Er will Mops werden, Großmops!«

Der Großmeister des geheimen Mopsordens wendet sich an den Ersten Logen-Aufseher.

DER GRMSTR.: *Was bedeutet der Lärm, den ich soeben gehört habe?*

Der Aufseher antwortet.

DER AUFS.: *Hier ist ein Hund hereingelaufen, der kein Mops ist, und die Möpse wollen ihn beißen.*

DER GRMSTR.: *Fragen Sie ihn, was er will!*

DER AUFS.: *Er will Mops werden.*

DER GRMSTR.: *Wie kann eine solche Metamorphose vor sich gehen?*

DER AUFS.: *Wenn er sich uns anschließt.*

DER GRMSTR.: *Ist er dazu fest entschlossen?*

DER AUFS.: *Ja, Großmops.*

DER GRMSTR.: *Fragen Sie ihn, ob er alle Statuten der Gesellschaft gehorsam befolgen will!*

DER AUFS.: *Ja, Großmops.*

DER GRMSTR.: *Treibt ihn Neugierde dazu, bei uns einzutreten?*

DER AUFS.: *Nein, Großmops.*

DER GRMSTR.: *Hat er irgendwelches (finanzielles) Interesse?*

DER AUFS.: *Nein, Großmops.*

DER GRMSTR.: *Welches Motiv hat er dann?*

DER AUFS.: *Den Vorteil, einer Körperschaft eingefügt zu werden, deren Mitglieder unendlich achtbar sind.*

Aufnahmeritual
Mopsorden, 1745, Künstler
unbekannt, Ausschnitt

Der detaillierte Bericht über das Aufnahmeritual in den Kreis dieser »unendlich achtbaren« Gesellschaft stammt aus der Feder eines Franzosen. Sein Name: Gabriel L. Pérau. Wir schreiben das Jahr 1745. Im liberalen Amsterdam erscheint eine sogenannte Verräterschrift mit dem geheimnisvollen Titel »L'ordre des Francs-Maçons trahi et le Secret des Mopses révélé«. Kurz darauf kommt auch die deutsche Übersetzung in Umlauf: »Der verrathene Orden der Freymäurer und offenbarte Geheimnis der Mopsgesellschaft«. Um was für ein Dokument handelt es sich bei der Pérau'schen Schrift? Die Spur führt vom protestantischen Amsterdam ins katholische Rom. 1738 erlässt Papst Clemens XII. dort eine Bannbulle gegen das damals in Europa grassierende Freimaurertum. Der Erlass *In eminenti apostolatus specula* richtet sich gegen derartige Umtriebe, da ihre Initiatoren »vermessen genug sind, die Tugend auf die natürliche Beschaffenheit des Menschen zu stützen« – also nicht auf Gott. Wer sich widersetzte, dem drohte die Exkommunikation.

Ob die Gründung der um die Mitte des 18. Jahrhunderts vor allem in Deutschland aus dem Boden sprießenden Mopsorden allein auf das päpstliche Verbot zurückging oder ob nicht auch ein zeittypischer Hang zu höfischem Divertissement ein Übriges tat: Bis ins späte 18. Jahrhun-

dert gab es androgyne Mopsgesellschaften in ganz Europa. In Deutschland etwa am Hof der Herzogin Anna Amalia in Weimar. Aber auch Mopsorden in Dresden, Braunschweig, Jena, Frankfurt am Main und Bayreuth sind historiografisch belegt. Der Erfinder soll 1740 Clemens August, Herzog von Bayern, Kurfürst von Köln und Bruder des Kaisers Karl VII. gewesen sein, Schirmherr der König Friedrich August II., Kurfürst von Sachsen, späterer König von Polen. Ihm jedenfalls gehörte eine Porzellanfabrik, die auf Möpse spezialisiert war, und auch er selbst soll Möpse besessen haben. Pérau behauptet, die Logen setzten sich zusammen aus Personen »höchster Distinktion«. Anders als bei den Freimaurern waren auch Frauen im Mopsorden willkommen.

Die Ideale von Treue und Zuverlässigkeit wurden hochgehalten und verherrlicht, aber auch das kunstvoll Verspielte und Anarchistische des möpsischen Wesens wird gewürdigt. Das Ganze nicht ohne satirische Seitenhiebe auf andere arkane Gesellschaften. In Frankfurt will Pérau dem eingangs beschriebenen Aufnahmezeremoniell des Mopsordens beigewohnt haben. Es endet, so der Autor, mit der Frage des Großmeisters, ob der Novize nun den Hintern des Mopses zu küssen wünsche. Nachdem dieser die Frage mit »Ja« beantwortet und einem Wachshündchen den

Bundeskuss aufs Hinterteil verpasst hat, wird der Novize an einem Hundehalsband zum Großmeister geführt. Hier hat er zu wiederholen, was dieser ihm vorsagt: *Ich verspreche dieser illustren Versammlung und der gesamten Mopsgesellschaft, ihre Gesetze und Statuten genau zu befolgen, sie niemals zu enthüllen, weder mit der Stimme noch mit Zeichen oder Schrift, und zwar ihre Geheimnisse und ihre Mysterien.*

Verrückt ging es also zu bei den Möpsen! Dadaistisch, wenn man so will. Wer nun ein Buch über Möpse schreiben möchte, der muss genau dies ins Visier nehmen – das Überdrehte und Rebellische, das Frivole und Übergeschnappte, das immer wieder mit Möpsen in Verbindung gebracht worden ist. Denn wieso taucht der kleine Schoßhund im Lauf der Kulturgeschichte immer wieder in Umbruchszeiten auf, die zu Exzess und Ekstase neigten?

Aus der Zeit der Mopsorden sind uns die unzähligen Mopsfigurinen aus fürstlichen Porzellanmanufakturen erhalten geblieben. Auch in Amsterdam – gleich in mehrfacher Hinsicht die Wiege des Mopses – gibt es inmitten delikater Chinoiserien aus Meißen und anderswo einen Mopskopf zu bestaunen. Er blickt sorgenvoll aus der Porzellansammlung des Rijksmuseums. Seine kleine rote Zunge ist deutlich sichtbar, die Ohren sind dem zeittypischen Geschmack nach kupiert. Der Torso erweist sich

bei genauerer Betrachtung als eine Art Dose oder Amulett, jedenfalls kann man den Amsterdamer Mops mit etwas befüllen.

Und damit drückt gerade dieses Artefakt aus Nymphenburger Produktionsstätten vielleicht am besten aus, weshalb der Mops kulturgeschichtlich gesehen zu einem derart zählebigen Geschöpf wurde. Denn das Schicksal des kleinen Schoßhündchens ist es, dass es sich mit jeder Art von Sinn oder auch Unsinn befüllen lässt. Die Tierkitschindustrie treibt das Spielchen mit bizarren Kollektionen auf die Spitze. Sie hat hunderttausenden von Möpsen in den seltsamsten Verkleidungen ein neues Zuhause als Motiv auf Taschen, T-Shirts, Wärmflaschen oder Feuerzeugen gegeben. Sogar Meissen setzt seit einiger Zeit

wieder mit Nachdruck auf den Mops. Ein mit Diamanten-
halsband ausgestatteter daumengroßer Anhänger aus der
aktuellen Kollektion erzielt einen Preis von knapp acht-
hundert Euro. Doch der Mops ist derzeit in allen Preis-
lagen und Ausführungen zu haben. Nur kleine Katzen, so
scheint es, haben auf zeitgenössischen Konsumgütern eine
höhere Reproduktionsfrequenz.

Seit seiner Einführung, Etablierung und mehrfachen Reanimierung in Europa ist der Mops so etwas wie der natürliche Ausweis totaler Künstlichkeit. Nichts an ihm erscheint uns *comme il faut*, keine seiner Eigenschaften wirkt zweckmäßig im Sinne einer natürlichen Ordnung – weder seine viel zu kurzen Beine noch sein gebärunfreudiges Becken noch sein röchelnder Atemapparat, der schon so manchen Tierschützer auf die Barrikaden getrieben hat. Auch das Aussehen des Mopses – ein Tier ohne Nase, mit hervorstehenden Augen, watschelndem Gang und täppischem Charakter – lässt den Mops mehr in den Bereich der Artefakte rücken als in die Nähe der ihm evolutionsgeschichtlich nahestehenden Wölfe. Er ist Spiegel derjenigen Gesellschaft, die ihn jeweils umgab und umgibt. Dieses Buch handelt deshalb von barocken Damensalons und guten Bürgerstuben, von Wilhelm von Oranien, der den Mops in Europa verbreitet und von Wilhelm Busch, der ihm eine fatal-berühmte Bildergeschichte gewidmet hat. Von dem österreichischen Experimentaldichter Ernst Jandl, der den Mops reif für die Schullektüre machte, und natürlich von Loriot, der ihn in unzähligen Sketchen auftreten ließ, in einer Raumkapsel auf den Mond schoss und den phlegmatischen Dickwanst damit zum ultimativen Signum der deutschen Spaß- und Spießerkultur machte.

Größenvergleich:
Wolf, Mastiff,
Dogge und Mops

KAPITEL 1

Herkunft eines Possenreißers

Über die Seidenstraße sei er gekommen, sagen die einen. Aus Peru könnte er stammen, vermuten die anderen, habe man dort doch Keramiken gefunden, auf denen kleine gelbe Hunde mit kurzen Schnauzen zu erkennen sind. Wieder andere mutmaßen, Kaufleute der Niederländischen Ostindien-Kompanie hätten die Möpse im 16. Jahrhundert nach Europa gebracht. Zumindest über seine Verwandtschaftsbeziehungen besteht ziemliche Einigkeit: Aus China ist unter dem Namen Lo-Sze seit Langem ein Bruder des chinesischen Palasthündchens, des Pekinesen, bekannt, der aussieht wie eine abgewandelte Form des Mopses. Irgendwie muss er sich dann aus dem Umkreis dieser Knautschschnauze verabschiedet und den Weg nach Europa gefunden haben. Wobei ihm die aristokratische Umgebung erhalten blieb: Erste, wenn auch nur kolportierte Hinweise für sein Leben in der Diaspora finden sich ab Mitte des 16. Jahrhunderts. Wilhelm I. von Oranien (1533–1584) soll den kleinen Wegbegleiter an seinem Hof salonfähig gemacht haben. Ein Mops namens Pompey, so will es die Legende, hatte den heimtückischen Überfall spanischer Truppen auf das Feldlager des damaligen Oranier-Prinzen vereitelt, indem er anschlug. Dass ein anderer Oranier, Wilhelm III. (1650–1702), ein paar Generationen später Möpse gehalten hat, ist verbürgt. Als König von England verfügte er über eine eigene Zucht. Der Mops trug als Ausweis seiner noblen Herkunft ein orangefarbenes Halsbändchen.

Die meisten Mopsdarstellungen, die wir heute entweder aus Porzellanmodellen oder auf Ölportraits kennen, stammen aus dem 18. Jahrhundert – einer Epoche, die neben den Idealen der Aufklärung auch einen Hang zu exotischen Abenteuern hatte, die Chinoiserien liebte und wie kein zweites Zuchthündchen den korngelben Mops. Wieder führt die Tier-Ahnenforschung in die Niederlande. Von hier stammt auch sein Name, der spätestens seit Ernst Jandls komischem Gedicht »ottos mops« onomatopoetisch mit ihm verwachsenen scheint.

Der Name »Mops« lässt sich etymologisch auf das niederländische Wort »mopperen« zurückführen, was so viel bedeutet wie »brummende Geräusche von sich geben«. Aus der germanischen Wurzel »mup« wie aus dem englischen »to mope« bezieht das Wort einen zusätzlichen Nebensinn: »das Gesicht verziehen« oder »Fratzen machen«. Der Mops trägt sein Schicksal als unzufriedener Grimassenschneider also schon im Namen. Sich »mopsen« sagt man in einigen Ecken Deutschlands noch heute, wenn man sich langweilt. Das grämliche Gesicht, das der Mops oft zieht, steht hiermit in Verbindung. Dazu kommt der überregional verwendete Ausdruck »sich etwas mopsen«. Er lässt sofort an den Kinderreim vom leichtsinnigen Möpschen denken:

Ein Mops kam in die Küche
und stahl dem Koch ein Ei,
Da nahm der Koch den Löffel
und schlug den Mops entzwei.
Da kamen viele Möpse
und gruben ihm ein Grab.
Und setzten ihm ein' Grabstein,
worauf geschrieben stand:
Ein Mops kam in die Küche …

So weit zur Herkunft des deutschen Namens. Das englische »pug« wiederum geht vermutlich auf »pugnus« zurück und bedeutet »Faust«. Der britische Mops, ein faustgroßer Hund, ein Däumling? Doch auch der französische »carlin« hat eine aufschlussreiche Etymologie. Dies war ursprünglich der Rufname von Carlo Bertinazzi, einem berühmten italienischen Harlekin der im Barockzeitalter durch Paris tourenden Commedia dell'Arte. Er trug eine schwarze runzelige Gesichtsmaske, so wie auch die Maske des Mopses schwarz und runzelig ist.

Züchtungsgeschichtlich gehören Möpse zu den muskulösen Molossern. Der kynologische Dachverband Fédération Cynologique Internationale ordnet sie trotz ihrer geringen Körpergröße weiterhin den großen Doggenhunden zu. Die ihnen zugeschriebenen Eigenschaften decken ein breites Spektrum ab. Von »dumm«, »träge« und »dekadent« bis hin zu »aristokratisch«, »treu« und »todesmutig« findet sich in den einschlägigen Nachschlagewerken so ziemlich alles, was sich über besonders kleine Hunde sagen lässt. Der berühmteste Populärzoologe des späten 19. Jahrhunderts, Alfred Brehm, erblickte in den Möpsen eine degenerierte Abart der stolzen Doggenhunde, dementsprechend abfällig fiel der Kommentar in seinem *Thierleben* aus: »Am tiefsten unter den Hunden steht unleugbar der Mops. Er ist durch geistige Versinkung entstanden und kann sich begreiflich durch sich selbst nicht heben. Er erfasst den Menschen nicht und der Mensch ihn nicht.« Blickt man auf die vergleichsweise lange Geschichte des Mops-Mensch-Verhältnisses, auf die Rolle des Mopses bei Hofe, in der bürgerlichen Großfamilie und schließlich als Lifestyle-Hündchen heutiger urbaner Bevölkerungsgruppen, fällt es schwer, diesem herabsetzenden Urteil zu folgen.

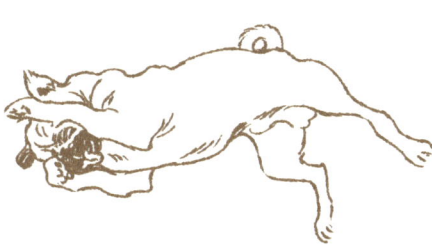

Der Mops: Assistent und Cousin des Harlekins

Die Geschichte des Mopses ist zunächst die Geschichte eines Possenreißers. Erinnert sei noch einmal an den Harlekin Carlo Bertinazzi, genannt Carlin, der Mitte des 18. Jahrhunderts zum Namensgeber des Mopses in Frankreich wurde. Hatte man im italienischen Volkstheater traditionellerweise kleine Affen eingesetzt, um das Publikum mit tierischen Kunststückchen zu erheitern, übernahm diese Rolle bald nach seiner Ankunft in Europa der wesentlich pflegeleichtere Mops. Mit plissiertem Kragen, Zweispitz und mit Glöckchen behängt lief er auf den Hinterbeinen über die Bühne, machte sich mit seiner Kurzbeinig- und -atmigkeit zum Gespött der Leute, führte aber, ähnlich den Zwergen und Narren bei Hofe ihren König, durch unbotmäßige Exzentrik sein Herrchen auch vor. Dieser Ruf, ein Witzbold zu sein, ein Schelm und ein Selbstdarsteller ist ihm über die Jahrhunderte erhalten geblieben. Wer einmal das Internationale Mopsrennen in Berlin besucht hat, das jeweils im August

Tanzmops,
Commedia
dell'Arte

auf dem Gelände einer Hundeschule in Lichtenrade stattfindet, wird bestätigen können, dass sich Möpse kaum zu höheren Zwecken erziehen lassen und – wie wir noch sehen werden – den an sie gestellten Leistungsanforderungen selten genügen. Mag er auch von den edelsten Erblinien abstammen, das Verhalten des Mopses hat weniger Klasse, als seine hohe Geburt es nahelegt.

Der erste Mopsverein, der englische Pug Dog Club, wurde im Jahr 1883 gegründet. Üblich waren unter Züchtern zunächst die hellen, korngelben oder beigefarbenen Möpse. Ab und an hat es zwar auch schwarze Exemplare gegeben, aber erst als die Schriftstellerin und Weltreisende Lady Brassey im Jahr 1878 zwei dunkle Hunde präsentierte, die aus einem chinesischen Palast stammten, kam es in England zu ihrem gesellschaftlichen Durchbruch. Bereits zwei Jahre später richteten die dortigen Hundeaussteller eine eigene Kategorie für schwarze Möpse ein, wobei solche mit weißen Pfoten als besonders sensationell galten. Der deutsche Kynologe Richard Strebel (1861–1940) erwähnt einen Hund, der aus einer Kreuzung zwischen einem Pekinesen und einem Mops hervorgegangen sein soll. Er hatte lange Haare und wurde angeblich eine Zeit lang als Rarität europaweit gehandelt.

Auch der Tiermaler und Kynologe Ludwig Beckmann (1822–1902) bestätigte in seiner zweibändigen *Geschichte und Beschreibung der Rassen des Hundes* die große Anpassungsfähigkeit der Rasse an den herrschenden Zeitgeschmack: »Daher der beständige Wechsel der Formen und Farben, das Auftauchen neuer Varietäten und das Verschwinden älterer Rassen und Typen in dieser Pygmäenwelt.« Nicht nur die sehr unterschiedliche Benennung deutet also auf die hohe Ausbeutbarkeit des Mopses hin. Ganz offensichtlich handelt es sich um ein Tier, dem eine Menge zugeschrieben wird, anders gesagt: auf das sich eine Menge projizieren lässt.

Mopsorchester,
Wiener Bronze,
um 1900

KAPITEL 2

Hundetaxonomien

»Die Geschichte der Anstrengungen des Menschen, die Natur zu unterjochen, ist auch die Geschichte der Unterjochung des Menschen durch den Menschen.« Diesen Satz schrieb der Frankfurter Sozialwissenschaftler Max Horkheimer in seiner 1967 erschienenen *Kritik der instrumentellen Vernunft* im moderneskeptischen Ton, für den die Frankfurter Schule weltweit bekannt war. Horkheimers These ließe sich in unserem Kontext weiterspinnen: Die sozialen Hierarchien unter Menschen spiegeln sich in ihrem Umgang mit den Tieren wider, und das gilt insbesondere für die Unterjochung der Hunde.

Seit der Antike kennen wir Tierschilderungen vor allem

aus Mythen oder Fabeln. Das Reden über andere Spezies ist darin in der Regel ein kodiertes Reden über den Menschen. Auch der Hund hat nicht nur etwas zu *sein*, er hat etwas zu *bedeuten*: Treue, Standfestigkeit oder auch Verschlagenheit. Die alten Griechen zollten ihren Hunden einerseits Respekt als Begleiter, Wächter oder beutejagende Wildlinge. Homer erzählt die rührende Geschichte von Argos, dem ersten namentlich bekannten Hund der Literaturgeschichte, der Odysseus bei dessen Rückkehr nach Ithaka nach zweijähriger Abwesenheit als Einziger sofort wiedererkennt – im Gegensatz zu Penelope, seiner Ehefrau.

Höllenhunde
in Mopsgestalt
sind bis jetzt
keine überliefert

Andererseits waren Hunde den alten Griechen suspekt, weil sich die Herumstreuner unter ihnen von Aas ernährten, Parasiten einschleppten und verschlagen, um nicht zu sagen »hündisch« die menschlichen Überbleibsel historischer Schlachten goutierten. Der Hund war den Griechen nicht besonders heilig, aber sie hatten Respekt vor ihm. Er galt als Sterbebegleiter oder Torwächter zur Unterwelt.

Immerhin war es ein Grieche, dem das erste überlieferte Hundebuch zugeschrieben wird. Er hieß Xenophon und war ein Schüler des Sokrates. Bei seinem Hundebuch handelte es sich jedoch nicht um einen philosophischen Traktat, sondern um ein Brevier zur Jagd. Dass Platon, ein anderer Sokrates-Schüler, seinen Lehrer in der *Politeia* mehrere Male auf den Hund schwören lässt, geht vermutlich auf eine Marotte des Autors zurück und entsprach keiner generellen Praxis. Grundsätzlich gesteht er den Hunden, weil sie durch Domestizierung von ihrem Zwang zum instinktiven Handeln zumindest teilweise befreit worden seien, aber Qualitäten zu, die sie in den Stand von philosophischen Tieren erheben. Mensch und Hund sind durch ihre gemeinsame Lernfähigkeit auf Augenhöhe gebracht – in ihrer je eigenen Kreatürlichkeit versteht sich. Danach gefragt, was denn bewundernswürdig an dem Hundetier sei, antwortet Platons Sokrates seinem Gesprächspartner: »Daß, wenn es einen Unbekannten sieht, es böse wird, wenn ihm auch zuvor kein Leid geschehen ist, und wenn es einen Bekannten sieht, es freundlich ist, auch wenn ihm nie von diesem etwas Gutes zuteil geworden ist. Oder hast du das noch nie bewundert?«

»Bis dahin habe ich noch nie so genau darauf geachtet«, erwiderte er, »daß sie es aber so machen, ist gewiß. Das scheint eine hübsche Eigenheit seiner Natur zu sein, und etwas wahrhaft Denkerisches.«

Bereits Aristoteles hob diese philosophische Lebensgemeinschaft zwischen Hund und Herrchen wieder auf, indem er in seiner Seelenlehre nicht nur eine Hierarchie zwischen Männern und Frauen, sondern auch die zwischen Tieren und Menschen unterstrich. Spätantike und Christentum taten zur Etablierung dieser These ihr Übriges. Positiv gewendet sahen christliche Theologen die Tiere in einem Zustand der Unschuld verblieben, von der Erbsünde

befreit und damit dem Paradiese nah. Der negativen Interpretation entsprechend, die sich vom Kirchenvater Augustinus (354–430) bis hin zu Thomas von Aquin (1225–1274) zieht, besitzen Tiere nur eine sterbliche Seele, ganz im Gegensatz zum Menschen, den Gott nach seinem Ebenbild geschaffen habe und dem deshalb eine unsterbliche Seele gegeben sei, wodurch er sich metaphysisch zwischen den Tieren und den Engeln befinde.

Ab der Spätantike werden nun also vor allem Unterschiede zwischen den Gattungen betont – so vehement, dass man den Eindruck gewinnen kann, die drohende Verwandtschaft zwischen Mensch und Tier sei um jeden Preis abzuwenden. Doch indem sich der Mensch zunehmend in kategorischer Abgrenzung zum Tier versteht, bleibt er substanziell auf dieses bezogen. Wo permanent Unterschiede benannt werden, liegt die Behauptung einer tiefer liegenden Gemeinsamkeit nah. Um diese Erkenntnis aus dem Bewusstsein herauszuhalten, werden Sprache, Verstand, aufrechter Gang und vor allem Sinn für Religion gegen die Tiere in Anschlag gebracht. Diese Argumentation setzt sich bis in die Neuzeit fort und gipfelt in Descartes' berühmter Metapher vom Tier als unbeseelter Maschine, die den Menschen zu ihrer Benutzung und Misshandlung geradezu einlädt.

Trotz dieser philosophisch begründeten Schöpfungshierarchie handelt der abendländische Mensch-Tier-Vergleich aber auch immer zugleich von der Zähmung resttierischer Anteile im Menschen. Der Mensch wird also nicht mehr nur im Tier gesucht, sondern das Tier soll dem Menschen nun auch ausgetrieben werden. Die Aufklärung bietet das richtige geistige Umfeld für solche Exorzismen. Darwins Evolutionstheorie wird mehr als hundertfünfzig Jahre später dafür sorgen, dass die Beziehung des *Homo sapiens* zu seinen nächsten Verwandten noch einmal gründlich überdacht und neu definiert wird. Verweilen wir aber noch ein wenig in der voraufklärerischen Vergangenheit.

Auf unzähligen Herrscherportraits des Barockzeitalters sind Hunde in devoter Haltung gegenüber ihren Herrchen abgebildet. Die zeittypische Botschaft: Wer seinen Hund gut zu erziehen weiß, der beherrscht ihn. Hundehaltung wird spätestens mit der Neuzeit zum sozialen Phänomen. In ihr repräsentieren sich Macht und Status des Herrchens. Wie der Historiker Simon Teuscher in einer aufschlussreichen Studie über die Hundekulturen an europäischen Höfen gezeigt hat, wird dem Menschen erst in der Beziehung zum domestizierten Tier sein natürlicher Platz unter den Kreaturen zugewiesen: Er begreift sich als Krönung der Schöpfung und gibt gleichzeitig zu verstehen: Hunde müssen von dieser Elite leider ausgeschlossen bleiben – natürlich nur symbolisch, denn sie gehören seit dem Spätmittelalter zur festen Entourage der herrschenden Klassen.

Bei Hofe wurden nun eigens neue Berufsgruppen geschaffen, um die Tiere zu versorgen. Wie man einschlägigen Werken zur Geschichte der Jagd entnehmen kann, gab es »Hundeknechte«, »Windhetzer« oder »Unter-Hund-pagen«. In der frühen Neuzeit ist außerdem eine erste Verbreitung von Leitfäden zur richtigen Hundehaltung und zur Abrichtung von Hunden für die Jagd als Alternative zur Falkenjagd zu vermerken, der Königsdisziplin unter den höfischen *divertissements*. Die fachkundige Hundespezialliteratur entsteht und begleitet eine geradezu exzessive Haustierhaltung bei Hofe. Dabei fällt auf, dass eine Hierarchisierung innerhalb der Hundeuntertanen vorgenommen wird, in der sich die damalige feudale Gesellschaftsordnung spiegelt: Nicht nur die Beziehung unter den Hunden, sondern auch die zwischen adeligem Herrchen und seinem Tier steht nicht für sich, sondern ist immer allegorisch zu lesen. In hochmittelalterlichen Chroniken etwa wird die Strafe des öffentlichen Hundetragens erwähnt – eine Art Demutsgeste, die ein Untertan zu absolvieren hatte, der sich seinem König gegenüber ungehorsam benommen hatte, um nun über die Beziehung zu einem Tier sein Treuevermögen neu unter Beweis zu stellen. In erster Linie galt das Halten bestimmter Hunde, darunter besonders schöner, leistungsstarker oder einfach kräftiger Exemplare jedoch der Erhöhung des Status. Die zoologische Idee einer Tier-Rasse wurde erst im 19. Jahrhundert entwickelt, daher orientierten sich die Hundetaxonomien des Mittelalters hauptsächlich am Kriterium der Verwendungs- oder Einsatzmöglichkeiten von Hunden. Es existierten grob drei Kategorien, mit denen der Adel sich abgab. Zum einen die Jagdhunde, zum anderen die Wachhunde und zuletzt die sogenannten Damen- oder Schoßhündchen, die allerdings auch Männerherzen erfreuten. Herzog Philipp der Gute soll einer Anekdote nach dem Dienstpersonal befohlen haben, zum Schutz seiner Lieblinge das Bett mit hündchensicheren Netzen zu umspannen.

Ein früher Hundetaxonom aus Frankreich, Gaston Fébus, der dem Hund grundsätzlich aristokratischen Vorrang vor anderen Tieren zugestand, unterteilte die Hunde bei Hofe in seinem *Livre de Chasse* von 1390 in fünf Haupttypen: die schweren, für das Festhalten von Beute besonders geeigneten »alants«, die leichten, in der Verfolgung von Beutetieren raschen »levriers« (Windhunde), die mit einem ausgeprägten Spürsinn begabten »chiens courants« (Laufhunde), die bei der Vogeljagd eingesetzten »cspaignoulz« (Spaniel) und schließlich die schwerfälligen, als Wach- und Hütehunde dienenden »mastins«. Fébus führt diese Typen zwar nicht in hierarchischer Reihenfolge an, schreibt ihnen aber in unterschiedlichem Maß ausgebildete adelige Eigenschaften zu: Treue, Wagemut und sogar Leichtsinn. Das Ganze ist relativ assoziativ gehalten, kann von Tier zu

Tier variieren und eignet sich nur wenig als Typenmodell, auf das sich eine Wissenschaft bauen ließe.

Einen ausgefeilteren Typenbegriff vertritt Heinrich Münsinger in seinem 1430 entstandenen *Buch von den Falken, Habichten, Sperbern, Pferden und Hunden.* Anders als Fébus unterschied Münsinger zwischen »edlen« und »unedlen« Hunden. Mit edlen sind freilich nur solche gemeint, die dem Adel als Jagdhunde dienen. Als unedel gelten ihm solche bei Hofe anzutreffenden Exemplare, die entweder für Wachdienste eingesetzt oder zu Possenspielchen erzogen wurden, was Münsinger zufolge dann besonders gut gelinge, wenn man sie zusammen mit einem Affen aufwachsen lasse. Münsinger bezieht sich in seiner Hundetaxonomie auf Konrad von Megenberg (1309–1374), der als Verfasser der ersten deutschen Natursystematik bekannt geworden ist. Megenberg war aber auch in anderen Gebieten schriftstellerisch tätig. In seiner *Ökonomik* beispielsweise entwickelte er ein Gesellschaftsmodell, das unter den adeligen Zeitgenossen große Anerkennung fand. Darin wird die höfische Dienerschaft in »servi honesti« (ehrbare Diener wie Notare, Ärzte oder Kaplane), »servi utiles« (nützliche Diener für Verwaltungs-, Wach- und Kriegszwecke) und »servi delectabiles« (wie die Spielleute) unterteilt. Ständedidaktisch passt Münsingers Beschreibung

der edlen und unedlen Hundetypen also genau ins soziale Ordnungsdenken der Zeit. Die Hierarchie der Hunde spiegelt auf eindeutige Weise die Hierarchie der Zeitgenossen bei Hofe.

Ein weiterer Verfasser eines berühmten Hundetraktats

Nach: Francisco de Goya, Bildnis der Marquesa de Pontejos, 1786 war Johannes Caius, der sich im elisabethanischen England bewegte (er war Leibarzt der Königinnen Maria und Elisabeth I.). Seine Schrift *De Canibus Britannicis* aus dem Jahr 1570 stellt zwischen Schoßhündchen und ihren Besitzerinnen zum ersten Mal einen abwertenden Zusammenhang her, der sich als Kritik an bestimmten Gepflogenheiten unter den Frauen des Hofes versteht. Abgesehen davon, dass ihre Körperwärme Bauchschmerzen lindern könne, dienten Schoßhunde allein »to satisfie the delicateness of daintie dames, and wanton womens wills ... to content ther corupted concupiscence«. Frauen würden sich solche Hündchen an ihren Busen oder in den Schoß legen, übersetzt Teuscher einen weiteren Passus, sie ins Bett mitnehmen und sich von ihnen die Lippen lecken lassen. Ob solcher sodomitischer Vergnügungen, die allenfalls als Mangelerscheinungen zu entschuldigen seien, vernachlässigten Frauen ihre ehelichen Pflichten. Und mit dieser Unterstellung landet man bald unweigerlich beim Mops, dem bei Hofe offenbar nicht nur komische, sondern auch erotische Talente nachgesagt wurden. Dass ausgerechnet der Plural »Möpse« im 20. Jahrhundert synonym für die weibliche Brust, besonders für die üppigeren Exemplare, verwendet wird, überrascht bei der sexuellen Überdeterminierung des Namensspenders kaum.

Titanic-Cover 1989

KAPITEL 3

Kurios oder kultiviert

Spätestens seit der Mitte des 18. Jahrhunderts ist der Mops an den europäischen Höfen vollständig integriert. Und sogleich wird er problematisch, weil ihn von Beginn an eine subversive Aura umweht. Wenn ihm in der Commedia dell'Arte die Rolle des Possenreißers zugewiesen wird, erinnert er nicht von ungefähr an die damals üblichen Hofzwerge, die entweder mit den Aufgaben eines Sekretärs oder denen eines Hofnarren betraut waren und gerne für deviante Sexualpraktiken eingespannt wurden. So wie von den Zwergen, die zu den lebenden fürstlichen Kuriosa gehörten, geht auch von den Möpsen eine sexuelle Anziehung aus, die zunächst schwer zu fassen ist, da Möpse weder menschlichen Schönheitsidealen entsprechen noch Fantasien einer ungezügelten Promiskuität bedienen. Ihre schwarzen Kulleraugen, die Stupsnase und der rundliche Körperbau machen sie erotisch zunächst unverdächtig. Der männliche Mops wirkt schon aufgrund seiner Winzigkeit nicht viril, und als Verkörperung weiblicher Grazie scheint die Mopshündin ebenfalls nicht in Frage zu kommen. Dennoch hat das Tier allein aufgrund seiner verdächtigen Nähe zu den Schlafstätten hochmögender Damen, aber auch wegen bestimmter Körpermerkmale, vor allem dem prominent ausgestellten Anus, etwas Verwegenes. Seine kindliche Schamlosigkeit macht den Winzling zu einer leichten sodomitischen Beute. Nicht ganz zufällig gehörte es wohl zum Initiationsritual des Mopsordens, dass der Novize das Tier – wenn auch nur eines aus Porzellan oder Stoff – unterhalb seiner Rute zu küssen hatte. Angeblich wurden Schoßhunde an den Höfen des späten Barockzeitalters zum Cunnilingus abgerichtet. Ob dies stimmt oder nicht, sofort macht sich das Möpschen verdächtig, unter der Federdecke Unanständiges mit seinem Frauchen zu treiben. Daher auch immer wieder der Hinweis zeitgenössischer Hundeexperten auf die unzüchtige Natur der Luxushunde und ihren schlechten Einfluss auf Hof und Halter, kurz: auf ihr dekadentes Naturell. Gleich-

zeitig entwickelt das Spätbarock alle Voraussetzungen für die wachsende Vorliebe an diesem lustvoll Überspannten, dem Luxuriösen und Zweckfreien, für das der Mops wie kaum ein anderes Haustier stand und steht.

Was hat man sich ästhetisch unter dem Epochenbegriff Barock vorzustellen? Es ist vor allem die Ära großer Prachtentfaltung durch Formen und Farben, Materialexperimente und Lichtchoreografien damit bezeichnet. Im Vordergrund ästhetischer Inszenierungen stehen die natürliche Bewegung sowie ein nahezu voyeuristisches Interesse an seltenen Erscheinungen.

Die Natur wurde im frühen 18. Jahrhundert noch nicht so deterministisch verstanden wie heute. Man hatte noch keine konkrete Vorstellung davon, dass sie selbst eine Geschichte hat und dass sich in ihr natürliche Entwicklungen und Abweichungen dieser Entwicklungen vollziehen. Missbildungen bei Menschen oder Tieren wurden zwar registriert, aber sie hatten neben dem Regelrechten ihren Platz in der göttlichen Ordnung. Oder sie galten als teuflisch, nicht jedoch als evolutionär zur Sache gehörend. Anatomische Sammlungen, die damals allerlei missgebildete Föten oder Tiere bereithielten, zeugen nicht nur von einem furchtsamen, sondern auch lustvollen Umgang mit dem unendlichen Spektrum der Phänomene.

Auch die Kunst hat in dieser Zeit einen Hang dazu, das Monströse auszustellen. Fratzen sind während des Barocks häufig verwendete Motive an Bauwerken oder auf Möbeln. Die Sphären von Gut und Böse, Regel und Abweichung, Sakralem und Profanem koexistieren einträchtig. Gleichzeitig zeigt sich in keiner anderen Epoche der Wille zur Naturüberwindung durch menschliche Naturbeherrschung deutlicher. Das Barock lebt vom Willen zur totalen Gestaltung. Die Gärten von Versailles voller Zierbeete, Grotten, Brückchen und Putten sind nur ein Beispiel für den hohen ästhetischen Formanspruch. In der

Malerei rückt man der Natur mit massivem Farbeinsatz zu Leibe. Vielleicht nur eine Fußnote, aber die oft heraushängende Zunge des Mopses passt gut zum damals intensiven Gebrauch der Pigmente Rot und Rosa. Ein anderes Beispiel für das zeitgenössische Naturverhältnis ist die illusionistische Malerei. Durch perspektivische Darstellungen werden die Bilder, aber auch die Räume, in denen diese Bilder hängen, auf eine bisher ungekannte Weise dynamisiert. Die Kunst des Barocks versucht die Natur also mit allen ihr zur Verfügung stehenden Mitteln nachzuahmen, sie zu überlisten oder gar zu übertreffen.

Hierzu passt die zeittypische Vorliebe für Rüschen, Volants, Falbeln und Bandelwerk (Vorhänge, Draperien und

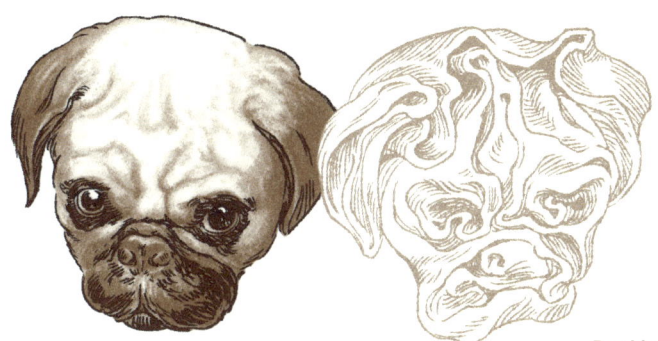

Der Mops als Wille und Faltenwurf

Kleiderfalten zum Beispiel). Mit der verschwenderischen Darstellung von Faltenwürfen in der Malerei kommt vor allem im Spätbarock eine neue Bewegtheit, eine Naturtreue ins Bild, die es in der Kunstgeschichte bisher nicht gab. Jean-Honoré Fragonard etwa hatte eine große Vorliebe für gemalte Draperien. Sie scheinen bei ihm sogar ein lasziives Eigenleben zu führen. Das Plissee muss bei ihm nämlich nicht mehr zwangsläufig auf ein real existierendes Kleidungsstück verweisen oder einen Körper umschreiben. Es genügt, dass es auf sich selbst verweist. Anders gesagt: Gerüschte Stoffe wurden für die Künstler des Rokokos schnell zu bildwürdigen Gegenständen, an denen sich technische Virtuosität und individueller künstlerischer Ausdruck erproben ließen. Der Philosoph Gilles Deleuze (1925–1995) hat die Falte deshalb nachträglich zu *dem* entscheidenden Formprinzip des Barockzeitalters erklärt. Die »Viel-Falt« der Welt spiegele sich, frei nach Leibniz, in den Falten der Seele wider. Deleuze rekonstruiert das barocke Denken, wenn man so will, als Faltenwurf. Die zahlreichen uns aus anatomischen Sammlungen und Zeichnungen der Epoche bekannten Windungen unseres Gehirns geben dieser Assoziation von Denken und Draperie eine zusätzliche Plausibilität. Der Mops, mit seinem plissierten Gesichtchen, entsprach also ganz dem Geschmack der

Zeit. Und nicht nur das: Er repräsentiert mit seinem zerknautschten Antlitz ihr vorherrschendes Formprinzip.

Das frühe 18. Jahrhundert ist aber nicht nur bekannt für seinen Hang zu windungsreichen Bildinszenierung, sondern auch für seine Lust am originellen Objekt. Übersee-Trophäen gelangen von den Kolonien an die Höfe Europas und avancierten dort schnell zur beliebten Handelsware. Das Exotische war *en vogue*. Wer etwas auf sich hielt, besaß viel davon. Und der Mops passte nun nicht nur wegen seines plissierten Äußeren zum Geschmack der höheren Stände, er war selbst exotisch. Er kam aus einem fernen Land, vermutlich aus dem gleichen, das auch die Kunst des Teetrinkens hervorgebracht hat sowie dazu passend das Porzellan – ein Kunsthandwerk, das erst 1708 in Europa »nacherfunden« wurde und damit binnen kürzester Zeit zu einer florierenden Produktion von Chinoiserien führte. Zwischen Meißen und Nymphenburg mangelt es jedenfalls nicht an Mopsmotiven. Im Schloss Darmstadt organisierte man 1973 eigens eine Ausstellung mit Porzellanmöpsen. Es kam einiges zusammen. Beispielsweise die vielfach ausgeführte Figur *Harlekin mit Mops und Drehleier* des Modelleurs Johann Joachim Kaendler (1706–1775). Der Meißner Harlekin, eine klassische Figur aus der Commedia dell'Arte, missbraucht in dieser Darstellung das erschrocken dreinblickende Tier als Drehleier. Seine, wie es im Hundefachjargon heißt, »doppelte Posthornrute« prädestinierte das hilflose Möpschen für solche Scherze.

Welches Haustier würde nun nicht nur wegen seiner Erscheinung besser ins 18. Jahrhundert passen als der Mops? Ist er nicht alles auf einmal? Artefakt und Trophäe, *décadent* und Accessoire. Seine eigentliche Blütezeit erlebt er allerdings gar nicht im Hochbarock, sondern ein paar Jahrzehnte später, im Rokoko. Ästhetisch bedeutete diese kurze Epoche eine explodierende Formenvielfalt für die europäische Kunst – und zwar im Kleinen. Die Rocaille war das dekorative Element der Stunde: eine muschelartige Zierform, die sich in der zweiten Jahrhunderthälfte auf Stuckaturen, Möbeln, Stoffen oder Porzellan wiederfand und auffallende Ähnlichkeit mit dem geringelten Schwanz des Mopses hat. Die Kunstgeschichtsschreibung sieht im Rokoko nun eine Art Verfeinerungsprogramm gegenüber dem oft prunkvoll behäbigen Barock. Die Betonung liegt nun auf den kleinen Formen, den zierlichen Ornamenten, bewegten Draperien und grazilen Interieurs. Auch Fragonards Portraits mit Faltenwurf entstehen in dieser Zeit. Kultivierte Lebensformen bei Hofe stehen nun oft im Mittelpunkt der Motive. So handeln viele Porzellanszenarien

von galanten Herren und galanten Damen, die den Betrachter mittels einer Voliere über die Art ihrer Beziehung informieren. Ein geöffneter Käfig mit ausgeflogenem Vögelchen bedeutete etwa, dass es zwischen den *galants* bereits zum Äußersten gekommen war. Eine geschlossene Voliere lässt der Geschichte und damit der Fantasie noch etwas Spielraum. Voltaire prägte den Begriff vom »siècle des petitesses«. Es sind paradiesische Zeiten für den Mops. Zwei der herausragenden Maler des Rokoko, William Hogarth in England und Francisco Goya in Spanien, haben Möpse portraitiert. Und von Jean-Honoré Fragonard ist das anrüchige Bild *La Gimblette* (»Mädchen mit Hund«) überliefert, auf dem ein Mädchen mit emporgestreckten Beinen auf einem Bett voller Stoffbahnen liegt und sich dabei einen kleinen Hund in den entblößten Schoß hält, dessen Schwänzchen freudig hin und her zu wedeln scheint.

Nach:
Jean-Honoré
Fragonard, La
Gimblette, 1770/75

Im Rokoko vollzieht sich auch der langsame Übergang von der feudalen zur bürgerlichen Gesellschaftsordnung. Die Aufklärung ist im vollen Gange, und es ist ganz sicher kein Zufall, dass ausgerechnet 1745 überall in Europa Filialen des geheimen Mopsordens aus dem Boden schießen. Immanuel Kant hatte seinen kategorischen Imperativ zwar noch nicht gesprochen, aber der Aufruf zur Mündig-

Nach:
William Hogarth,
Der Maler und
sein Mops, 1745

keit des Einzelnen gilt schon in der Jahrhundertmitte als Regieanweisung für den anstehenden Geisteswandel. Es ist die Zeit der Freimaurer und anderer arkaner Gesellschaften. Die Säkularisierung scheint unaufhaltsam ihren Lauf zu nehmen. Der Einzelne steht nun im Vordergrund sämtlicher philosophischer Überlegungen der Zeit, und durch diesen Individualisierungstrend verkleinert sich der

Abstand zwischen Adel und Bürgertum. Gute Umgangsformen adeln nun den Bürger. Das höfische Leben verbürgerlicht umgekehrt, das heißt es wird immer privater. Gesellschaftsspiele haben Konjunktur, *divertissement*, Koketterie und die Kunst der Konversation. Man könnte sagen, das Rokoko ist die Ära der raffinierten Reize. Sensibel und artifiziell hat das Menschenwerk zu sein, feingeistig und galant. Ritterliche Tugenden werden hochgehalten. Das Motto der Mopsgesellschaften ist nicht zufällig die Treue zwischen ihren Anhängern. Freundschaft soll jetzt auch zwischen den Geschlechtern möglich sein. Das feudale Herkunftsmilieu des Mopses unterstreicht gleichwohl den elitären Anspruch dieses aufgeklärten Logenwesens. So verrückt es klingen mag, aber den Mopsorden, der wohl als Reaktion auf die päpstliche Bannbulle gegen die Freimaurer entstanden war, hat es wirklich gegeben. Seine Existenz ist unter anderem von Giacomo Casanova für das Jahr 1760 überliefert und knapp hundert Jahre später durch Georg Büchner, der sich in einem Brief an seine Familie über den Großherzog von Baden als »erstem Ritter vom doppelten Mopsorden« lustig macht.

Der Mops, so will es scheinen, muss in seiner kindlichen Verspieltheit das ideale Wappentier einer Emanzipationsbewegung gewesen sein, die förmlich auf den Hund gekommen war. Und wenn es stimmt, dass jede Revolution ihre Kinder frisst, so befand sich auch der Mops als erst adeliges, dann als bürgerliches Avantgardetier bald auf verlorenem Posten. Einmal schaffte er es noch in die Geschichtsbücher, so soll der Legende nach ein Mops Napoleon die runzelige Stirn geboten haben. Angeblich hat Fortuné, das Möpschen seiner Gefährtin Joséphine de Beauharnais, ihn in der Hochzeitsnacht ins Bein gebissen. Danach hören die Heldenlegenden mit Möpsen auf. Das 19. Jahrhundert macht aus dem einstigen Exzentriker und Kunstprodukt des Rokokos ein träges Sofakissen fürs kleinbürgerliche Interieur.

Bonaparte,
Joséphine und
Fortuné

KAPITEL 4

Rasse und Klasse

Die vormodernen Klassifizierungsversuche der belebten und unbelebten Natur, die Tiere noch anhand von Funktionen für den Menschen oder dem Aussehen nach zu sortierten und nicht nach Arten oder Rassen, werden erst ab der Spätaufklärung rationalisiert, das heißt nach heutigen Maßstäben »verwissenschaftlicht«. In keiner anderen Disziplin werden um 1800 vergleichbar viele Paradigmenwechsel vollzogen wie in der Betrachtung der belebten Umwelt. Als Lehre vom Entstehen und Vergehen der natürlichen Phänomene löst die Biologie die bis dato gültigen Naturphilosophien ab. Diese hatten die Tier- und Pflanzenwelt noch als unveränderlichen Ausdruck göttlicher Schöpfung begriffen. Mit der Biologie als neuer Leitwissenschaft wird die Natur nun erstmals verzeitlicht. Das heißt, die Gelehrten begnügen sich jetzt nicht mehr mit dem bloßen Sammeln und Inventarisieren von Naturerscheinungen. Neue experimentelle Anordnungen wie Versuche mit Hühnereiern oder vergleichende anatomische Studien machen es auf einmal möglich, die Natur als Prozess zu beschreiben. Der französische Naturforscher Georges Cuvier (1769–1832) etablierte als Erster die Auffassung von den Lebewesen als Organismen. Jahrzehnte später wird Gregor Mendel (1822–1884) durch Experimente mit Erbsen quasi im Alleingang die Genetik begründen. Das biologische Zeitalter stellt das Verständnis von den Lebewesen damit auf eine vollkommen neue, nämlich dynamische, an der Idee von Entwicklung geschulte Erkenntnisgrundlage.

Erstmals entsteht in dieser Zeit auch eine Hunde-Systematik, die nicht nur der Unterscheidung von Typen dient, sondern der »Veredelung« einzelner Rassen. Das 19. Jahrhundert ist das Jahrhundert der Hundezuchtvereine, der Tierschützerverbände und der Hundeschauen. In seiner zweiten Hälfte nimmt der Zuchtgedanke regelrecht die Dimensionen einer institutionalisierten Wissenschaft an. Obwohl es schon in der Antike »Eingriffe« in die Paarungsweisen von domestizierten Haustieren gegeben hat, gelten Hunde erst jetzt als gentechnisch »machbar«. Der schon erwähnte Kynologe Ludwig Beckmann kommt zu dem Schluss, dass Hunderassen nicht »das Werk der Natur« seien. Vielmehr läge es in der Macht des Menschen, sich die Rassen untertan zu machen, sie bestimmten Zwecken zu unterwerfen oder eben ästhetischen Idealen. Hunde werden nun aus einer engen genetischen Population heraus gezüchtet. Der Zuchthund wird unter diesen Voraussetzungen schnell zum Kulturgut und rückt damit in die Nähe eines Artefakts: Er wird von menschlicher Hand designt und ist seinem Ingenieur vom Entwurf über die Aufzucht bis in den Tod hinein treu ergeben oder wenigstens ausgeliefert.

Konkret sah die neue Auffassung vom Hund folgende Maßnahmen vor: An Hundebesitzer wurden Stammbäume und Ahnenpässe vergeben, Züchter hatten ihre Würfe strengen Normierungen und Kontrollen zu unterwerfen, was sie gerne taten, ließen sich mit den richtigen »Papieren« doch höchste Preise für die angebotenen Exemplare erzielen. Das erste deutsche Hundestammbuch wurde 1880 im Auftrag der »Delegierten-Commission« des Hannoveraner »Vereins zur Veredelung der Hunderacen für Deutschland« herausgegeben. Die aktuell gültige kynologische Systematik mit 343 erfassten Rassen (Stand von

2012) wird von der Fédération Cynologique Internationale mit Sitz in Belgien erstellt. Doch wie konnte es überhaupt innerhalb weniger Jahrzehnte zu einer derartigen Verbreitung des Zuchtgedankens kommen?

1859 publiziert Charles Darwin sein epochemachendes Werk *Über die Entstehung der Arten.* Darin stellt er die Evolutionstheorie erstmals einer breiten Öffentlichkeit vor. Der ketzerische Gedanke, der Mensch könnte sich aus dem Affen heraus entwickelt haben, führt unter Darwins Zeitgenossen zu erbitterten Kontroversen. Vor allem die Kirche fühlt sich angegriffen. Denn wenn nicht Gott die Wesen in ihrer Vollkommenheit erschaffen haben soll, wie ist dann seine Allmacht zu begründen? Doch der Evolutionsgedanke ist nicht mehr aufzuhalten. Nicht die Unterschiede zwischen Mensch und Tier stehen im Fokus zeitgenössischer Debatten, sondern ihre Gemeinsamkeiten. Die seit der Antike bekannten Versuche, das Menschliche im Tier zu suchen und dieses damit zu vermenschlichen, münden in eine seit dem Frühchristentum latent gebliebene Fragestellung: Wie viel tierische Anlagen finden sich in der eigenen Gattung, und was bedeutet das für den Menschen in seiner Selbstwahrnehmung als Gipfel der Schöpfung?

Das 19. Jahrhundert ist aber nicht nur die Wiege der Evolutionstheorie und des Zuchtgedankens, sondern auch jenes der späteren Rassentheorien. Die Lehre von der sogenannten Erbgesundheit etwa vertrat die Idee, dass sich die Entwicklung von Rassen – auch von menschlichen »Racen«, wie es damals hieß – mit dem Ziel ihrer »Verbesserung« künstlich steuern ließe. Francis Galton (1822–1911), ein Cousin Charles Darwins, war einer der profiliertesten Verfechter der Eugenik. Zwangssterilisationen, rassistisch motivierte Fortpflanzungspolitik mit dem Ziel der Erschaffung einer »rassisch hochwertigen« Nation waren die Folgen eines wissenschaftlichen Irrwegs, der im 19. Jahrhundert seinen Anfang nahm und nicht getrennt von den neuen Zuchtexperimenten in der Tierwelt betrachtet werden kann.

Hatte die vormoderne Welt noch keinen rechten Begriff von Norm oder Abweichung als bevölkerungspolitischem Steuerungsinstrument, brach nun ein regelrechtes Fieber aus, allerorten nach Idealtypen zu suchen. Zählte bei frü-

heren Züchtungsversuchen vor allem die Funktionalität des Hundes, die Verbesserung seiner Leistungsfähigkeit als Jagd- oder Wachhund, erschuf man im späten 19. Jahrhundert unzählige neue Rassen, die rein ästhetischen oder sonstigen Geschmackskriterien unterlagen oder der »Veredelung« der Gattung dienen sollten. Man vermutet, dass ein Großteil der heute bekannten Hunderassen im viktorianischen England entstanden ist. Deutschland, die auch hierin verspätete Nation, wird erst nach der Reichsgründung von 1871, dann aber um so energischer, in die Hundezucht einsteigen.

Vor allem die nun definierte Kategorie der »Luxushunde«, die bereits aus der Antike bekannt waren und seit der frühen Neuzeit als Damenhunde gehalten wurden (innerhalb der Systematik der »unedlen« Hunde), erweiterte sich mit den Möglichkeiten moderner Züchtungstechnik dramatisch. Luxushunde bezeichneten hauptsächlich solche Exemplare, die nicht in Richtung eines Zweckes hin »entworfen« wurden, sondern einzig dazu dienten, ihrem Herrchen ein schönes Pläsier zu sein. Der heutige Familienhund ist ein unmittelbarer Nachfahre dieser frühen Luxuszüchtungen.

Im 19. Jahrhundert wurden aber nicht nur Tiere, sondern auch politische Ideologien gezüchtet, darunter ganz besonders die des Nationalstaats. Und wo es Staatsbürger geben soll, so die Überlegung, da muss ein Nationalhund her. Das Jahr 1880 kann in diesem Sinne als Geburtsjahr der »Deutschen Dogge« genannt werden. Auf der Versammlung der »Delegierten-Commission« des Hannoveraner »Vereins zur Veredelung der Hunderacen für Deutschland« wurden erstmals verbindlich ihre Rassemerkmale genannt und eine Genealogie ausgewiesen, die bis ins 17. Jahrhundert zurückreichen soll. Das majestätische Tier galt als Inbegriff deutscher Tugenden. *Meyers Lexikon* von 1906 charakterisiert es als »Urbild von Schönheit, Kraft, Adel und Eleganz«. Nicht umsonst besaß Reichskanzler Bismarck gleich mehrere dieser imposanten Tiere. Sultan (Rufname: Sultl), Tyras I und Tyras II sowie eine Doggendame namens Rebecca sind als »Reichshunde« überliefert. Als im Jahr 1878 die europäischen Großmächte auf dem Berliner Kongress zur Beilegung der Balkankrise zusammengekommen waren, verbiss sich eine der bismarckschen Doggen im Hosenbein des russischen Außenministers, was zu einer vorübergehenden Abkühlung der diplomatischen Beziehungen führte. Bismarck präsentierte sich später beim Tod von Tyras I als sentimentaler Hundefreund.

Die Nachricht vom Ableben der Reichsdogge beschäftigte die zeitgenössische Presse. Noch auf dem Sterbebett soll Bismarck sich nach Sultl erkundigt haben: Die Presse präsentierte nun einen autoritären Staatsdiener mit menschlichem Antlitz.

Ärgerlich zeigten sich deutsche Kynologen, als das in Sachen Hundezüchtung überlegene England an der von dem französischen Naturforscher Georges-Louis Leclerc de

Reichshunde
Tyras II und
Rebecca mit Otto
von Bismarck, 1891

Buffon (1707–1788) etablierten Bezeichnung »Grand Danois« für ihre Doggenzüchtungen festhielt. Der deutsche
Hundezuchtexperte Jean Bungartz schrieb 1888: »Wenn
nun die Engländer sich auch dieser Rasse bemächtigt
haben, so kann dies nur als Beweis der Anerkennung
deutscher Zucht gelten und uns gewiss erfreuen; wenn
dieselben aber die in Deutschland allgemein geltende Na-
mensbenennung vollständig desavouieren und Bezeich-
nungen einführen wie Grand Danois Dogg, Bourshound,
so beweist uns dieser Übergriff deutlich, dass England uns
die erzielten Erfolge missgönnt …«

In welchem Verhältnis stehen nun Ende des 19. Jahrhunderts National- und Schoßhund zueinander? Vereinfacht
gesagt so: Sollte der Nationalhund, der gleichsam ein
Idealhund war, die edelsten Charaktereigenschaften der
Deutschen repräsentieren, so emanzipierte sich der einst
nur den höheren Ständen vorbehaltene Luxushund zum
unverfänglichen Jedermann. Besonders die Damenhünd-
chen erfreuten sich großer Verbreitung. Befreit von ihren
höfischen Pflichten zu albernen Mätzchen und Narreteien
können sie sich im bürgerlichen Zeitalter ganz auf die Zu-
neigung ihrer zärtlichen Halterinnen verlassen. Tierliebe,
Verantwortungsbewusstsein, Einfühlungsvermögen: Auch
der bürgerliche Mops, gattungsgeschichtlich immerhin ein

naher Verwandter der Deutschen Reichsdogge, ist für sein Frauchen eine Schule der Empfindsamkeit. Er wird gehätschelt und gepäppelt, so entwickelt sich das einst blaublütige Tier im Verlaufe des Jahrhunderts zu einer überfütterten Wurst. Die mit dem Mops verbundenen höfischen Lebensformen weichen durch ihre Einfuhr in bürgerliche Lebenssphären bald einer neuen Innerlichkeit. Noch in Thomas Manns *Doktor Faustus* ist von einem »Frauenzimmer« aus dem späten 19. Jahrhundert die Rede, »das geschminkt, aber fern von Unsittlichkeit, entschieden zu närrisch dazu, begleitet von Möpsen in Atlasschabracken in irrer Hochnäsigkeit die Stadt durchwanderte«. Später wird der exzentrische Mops wie kaum ein anderer Haushund zum Inbegriff des Kleinbürgerlichen umdefiniert. Er repräsentiert nun freundliche Unbefangenheit, verströmt Behaglichkeit und biedermeierliche Selbstgenügsamkeit. Der bürgerliche Mops ist ebenso apolitisch wie phlegmatisch. Sein kindlicher Anarchismus ist ihm mittels Überfütterung ausgetrieben worden. Mit diesen Zuschreibungen wurde das knautschige Tier bald zum Gegenstand unzähliger Karikaturen. Immer wieder findet sich darin auch der Hinweis auf das angeblich widernatürlich körpernahe Verhältnis tierliebender Fräuleins zu ihren kleinen Lieblingen. So findet sich beispielsweise in der Zeitschrift *Simplicissimus* aus dem Jahr 1896 unter der Überschrift »Nach 25 Jahren« ein Bild des Zeichners Thomas Theodor Heine (1867–1948), das einen abgewiesenen Gatten zeigt, der seiner in die Jahre gekommenen Gefährtin resigniert dabei zuschaut, wie sie unzüchtige Küsse mit ihrem Möpschen austauscht. »Der Mops«, urteilte bereits Alfred Brehm Jahrzehnte zuvor harsch in seinem *Thierleben*, sei »der echte Altejungfernhund und ein treues Spiegelbild solcher Frauenzimmer, bei denen die Bezeichnung

Nach: Thomas Theodor Heine, »Nach 25 Jahren«, in: Simplicissimus vom 27.06.1896

›Alte Jungfer‹ als Schmähwort gilt, launenhaft, unartig, verzärtelt und verhätschelt im höchsten Grade, jedem vernünftigen Menschen ein Greuel.« Und jetzt wird das Urteil gesprochen: »Die Welt wird also nichts verlieren, wenn dieses abscheuliche Thier samt seiner Nachkommenschaft den Weg alles Fleisches geht«. Brehm ist mit seiner Meinung nicht allein. Auch Ludwig Beckmann ist sich in seiner *Geschichte und Beschreibung der Rassen des Hundes* sicher: »Ein dürrer, hochläufiger Mops und ein solcher mit kurzen Läufen und langem Rücken sind beide durchaus verwerflich.« Den Gnadenschuss gab dem verhätschelten Gesellschaftstier aber bereits zwei Jahre vor dem Erscheinen der Erstausgabe von Brehms *Thierleben* kein Geringerer als

Wilhelm Busch. In seiner Bildergeschichte »Strafe der Faulheit« besiegelte er die neue Verächtlichmachung des Mopses. Buschs Parabel auf Müßiggang und Völlerei endet schlecht für den einstigen Star unter den Schoßhunden. Das Tier wird von einer alten Jungfer derart verzärtelt, dass es zu träge ist, um seinen Häschern zu entkommen. Es endet als Braten.

Bei Wilhelm Busch gibt es den Mops am Spieß

Spiegelbildlich dazu lässt sich eine Szene aus Theodor Fontanes Gesellschaftsroman *Der Stechlin* aus den neunziger Jahren des 19. Jahrhunderts lesen. Hier steht ein herausgeputzter Mops für eine Epoche, in der noch die Gesetze des alten Adels galten und nicht diejenigen sozialdemokratischer Ideale und liberaler Bürgerlichkeit. »Ich hatte mal einen Freund«, sagt der alte Dubslav von Stechlin zu Beginn des Romans, »der ganz ernsthaft versicherte: ›Der hässlichste Mops sei der schönste‹; so lässt sich jetzt beinahe sagen, ›das gröbste Telegramm ist das feinste‹. Wenigstens das in seiner Art vollendetste. Jeder, der wieder eine neue Fünfpfennigersparnis herausdoktert, ist ein Genie.« Der Mops steht in diesem melancholischen Zeitenwendenroman ausgerechnet für etwas, das sich aus Sicht der Noblesse als Recht auf Exzentrik bezeichnen lässt: für die gute alte ehrwürdige und kulturell verfeinerte Zeit.

Man kann sagen, dass der Mops als Exzentriker die Jahrhundertwende weder ideologisch noch praktisch unbeschadet überstanden hat. Die neuen Gesellschaftsmodelle, Rassenideologien, Züchtungsideale und Moralvorstellungen des bürgerlichen Zeitalters halten für den kleinen Damenhund wenig Positives bereit. Das Frivole und Provokante seiner Ungeschlechtlichkeit, die bei Hofe noch zu

Laut Katalog einer
Keramikkröte
nachempfunden.
Nach:
Max Beckmann,
Stillleben mit
Fingerhut, 1943

einem regelrechten Mopsfetischismus geführt hatte, verkümmert zu einem peinlichen Sublimierungsanlass für frigide Tantchen. Der Mops wird bieder, seine Anfälligkeit für perverse Zuschreibungen wird ihm dieses Mal nicht als Originalität zugutegehalten, sondern als Skandal ausgelegt. Für einige Jahrzehnte verschwindet der Mops nahezu vollständig aus den guten Stuben des Deutschen Reichs.

In seinem *Stillleben mit Fingerhut* aus dem Jahr 1943 verewigt der Maler Max Beckmann (1884–1950) eine Kreatur, die in der Fachliteratur zwar als chinesische Keramikkröte beschrieben wird, die aber auffällige Ähnlichkeit mit einem Mops hat. Man könnte daher auch sagen, dass der von den Nationalsozialisten als »entartet« eingestufte Maler dem Mops mitten im Krieg einen letzten ironischen Auftritt verschafft hat – und zwar ausgerechnet in einem altehrwürdigen Genre. Mit angstverzerrter Fratze steht sein Geschöpf eingeklemmt zwischen Fingerhut-Bouquet und Weinglas im Ambiente einer grauen Vorzeit.

KAPITEL 5

Zwischen Entartung und Qualzucht

Parallel zum Niedergang des Mopses etablieren sich Pudel, Spitz und Pekinese als neue Modehunde des 19. Jahrhunderts. Sie lösen den Mops als Accessoire bürgerlicher und kleinbürgerlicher Milieus ab. Wieder orchestriert Alfred Brehms Urteil diese Entwicklung: »Der Mops ist dumm, langsam, phlegmatisch, … der Pudel immer lustig, immer munter, alle Zeit durch der angenehmste Gesellschafter, aller Welt Freund, treu und untreu, dem Genusse ergeben, wie ein Kind nachahmend, zu Scherz und Possen stets aufgelegt, der Welt und Allen ohne Ausnahme angehörig.« Windfänge und andere Jagdhunde bleiben dem Adel vorbehalten, auch wenn 1848 sein Jagdprivileg in Preußen und

anderswo in Deutschland fällt und die sportliche
Vergnügung damit auch Bürgern offen steht. An
Rassehunden finden sich im Deutschen Reich darüber hinaus die schon erwähnten, von Bismarck bekannt gemach-
ten Doggen, die die Rolle von »politischen« Tieren ein-
nehmen. Sie werden von ihrem Herrchen regiert wie ein
starkes Volk von seinem Herrscher: väterlich und autori-
tär, gütig, aber nicht pflichtvergessen, überlegen, jedoch gerecht. Herzschwach, wie die Tiere aufgrund ihrer massigen
Körper sind, lässt sich mit ihnen jedoch kein schlagkräfti-
ger Staat machen. Und für den kleinbürgerlichen Haus-

halt taugen sie allein größenmäßig nicht. 1899 wird deshalb eine andere, den Hüte- und Hirtenhunden abgerungene Rasse den deutschen Reichshund verdrängen. Ihre Reputation ist weniger die von stiller Größe als die von lauter Kampfbereitschaft.

Am 22. April 1899 gründet der Stuttgarter Arzt Max von Stephanitz (1864–1936), ein Rittmeister außer Diensten, den Verein für Deutsche Schäferhunde (SV). Nur wenige Jahre später gibt es in Deutschland bereits 119 Filialen und mehr als 6500 Mitglieder. 1923, im Jahr des Hitler-Putsches, meldet die Initiative insgesamt rund 50 000 Förderer und wird damit zum größten Hundezuchtverein der Welt. Für das erste Jahrzehnt des 20. Jahrhunderts lässt sich ein explosionsartiger Anstieg reinrassiger Welpen registrieren. 1901 gab es nur 250 »blutreine« Deutsche Schäferhunde. 1913 waren es bereits knapp 13 000. Blondi, die Schäferhündin Adolf Hitlers, wurde weltberühmt. Der Führer ließ sich auf zahlreichen Fotografien mit seiner treuen Gefährtin ablichten – unter anderem in dem 1932 erschienenen Bildband seines Leibportraitisten Heinrich Hoffmann. *Hitler wie ihn keiner kennt* wurde mit einer Gesamtauflage von 400 000 Exemplaren unters Volk gebracht, um die ohnehin schon grassierende Schäferhundemanie dadurch noch zu verstärken.

Kein Rassehund ist je auf fatalere Weise mit dem deutschen Wesen in Verbindung gebracht worden wie der Deutsche Schäferhund. Zwar maximal vom Kontinuum der Zuschreibungen, die den Mops betreffen, entfernt, eint beide ihre unauflösbare Verknüpfung mit der Idee der Zucht.

Zur Untermalung dieser These soll noch etwas bei dem großen Leidensgenossen des Mopses verweilt werden. Dem Schäferhund haftet zunächst der Pulvergeruch der Schützengräben des Ersten Weltkriegs im Fell, wo er, wie auch Adolf Hitler, als Melder seinen Dienst getan hatte. Dass er innerhalb weniger Jahrzehnte zum Symbol von Rassismus und Chauvinismus werden konnte, ist nicht selbstverständlich. Schließlich wurden Schäferhunde zu allen Zeiten auch als Blinden- und Rettungshunde eingesetzt, zuletzt medienwirksam während der Suche nach Opfern unter den Trümmern des World Trade Center. Dennoch überwiegt durch seine Nähe zum NS-Terror das brutale Image des Tiers. Schon Kurt Tucholsky schrieb über die Besitzer solcher Herrentiere, diese hielten sich den Schäferhund im »Stacheldraht ihres Willens« und regierten »auf ihm herum«. Das argwöhnische Profil des Hundes, sein scharfes Gebiss, der durch fragwürdige Zuchtkunst verkürzte Steiß und somit verursachte Pirschgang: Eigenschaften, die den Schäferhund zu einer verdächtigen Spezies machen.

Zu Beginn des Ersten Weltkriegs verfügten alle europäischen Armeen ganz selbstverständlich über Kriegshunde. Diese hatten zwar nicht die Aufgabe, sich an der Front als Soldaten zu profilieren, aber sie wurden eingesetzt, um Nachrichten zwischen den Stellungen auszutauschen. Deutschland hatte mit rund 6000 Tieren die größte kriegsbereite Hundearmee der Welt. Im Zweiten Weltkrieg war diese auf 30 000 Tiere aufgestockt worden – hauptsächlich Schäferhunde, die, wie auch die Soldaten der späten Kriegsjahre, mithilfe von Plakataktionen innerhalb der Zivilbevölkerung rekrutiert wurden. Schäferhunde waren es auch, die massenhaft als SS- und Gestapo-Hunde zum Einsatz kamen und bei der Absicherung von Kriegsgefangenen- und Konzentrationslagern halfen.

Doch der Deutsche Schäferhund verdankt seine Popularität als Nationalhund nicht nur unterstellten Kriegstugenden wie seiner angeblichen Furchtlosigkeit, der hohen Intelligenz und angeborenen Aggressivität, sondern vor allem seiner stolz propagierten Reinrassigkeit. Stephanitz schrieb 1923 in *Der Deutsche Schäferhund in Wort und Bild*, sein Buch verkörpere den Nationalsozialismus im Kleinen. Die Autoren Wolfgang Wippermann und Detlef Berentzen, die vor einigen Jahren mit ihrem Buch *Die Deutschen und ihre Hunde* eine Forschungslücke geschlossen haben, sehen in dieser Schrift eine klare Vorwegnahme der nationalsozialistischen Familienideologie und Rassenpolitik. Zum Beispiel ist es für Stephanitz »auffallend« und erwähnenswert, »dass der Hund – ich spreche immer vom Schäferhunde – sich mit sicherem Gefühl stets dem im Hause mächtigsten, dem Gebieter, hingibt; das ist der Mann, trotz Frauenwahlrecht und anderen, sehr viel älteren, darum aber auch viel wirksameren Gründen, nämlich Frauenlist und -liebe … Nur dem Hausherrn gehorcht er ganz, der Frau, wo ein Mann im Hause ist, nur bedingt.« Das Zuchtziel, so Stephanitz weiter, sei die »Schaffung einer ›reinen‹, ›gesunden‹, ›leistungsstarken‹ und noch dazu normierten Superrasse« gewesen. Und weiter im Text wird freimütig bekannt, »dass wir unsere Schäferhundezucht recht wohl mit der menschlichen Gesellschaft vergleichen«. Belegt ist, dass Dr. med. Stephanitz mit den Theorien der Rassenhygiene bestens vertraut war. Sein Werk über die Schäferhundezucht trägt als Motto ein Zitat des Zoologen Ernst Haeckel, der die Vererbungsthesen Darwins 1869 in seinem Buch *Natürliche Schöpfungsgeschichte* von der Tier- auf die Menschenwelt übertragen hatte. Auslese- und Züchtungsgedanken ließen sich ihm zufolge auch auf die menschliche Gattung ausweiten. Praktische Ratschläge zur Menschenzucht im systematischen Maßstab gab Haeckel allerdings noch keine. Vor allem seine Fähigkeit zur treuergebenen Unterwerfung prädestiniere den Schäferhund in Stephanitz' Vorstellung für seine Charakterrolle als erbgesunder Leistungsträger.

Nimmt man Stephanitz' Zuordnung des Deutschen Schäferhundes in die Sphäre kampfbereiter, mutiger deutscher Männer ernst und schlägt den Bogen zurück zum Mops, wird erst recht klar, weswegen der unsportliche Schoßhund es während des Nationalsozialismus nicht mehr so leicht hatte wie im Feudalismus oder später im großbürgerlichen Familienkreis. Denn erstens gibt es – wie gesagt – wohl kaum einen Luxushund, dem die Idee von Disziplin und Unterwerfung fremder wäre als dem Mops. Und zweitens wird er seit seiner Ankunft in Europa vor allem von Frauen aufgezogen und, wie es in der Literatur immer wieder kritisch heißt, »verzärtelt«. In allem ist dieser *décadent* also das Gegenteil des virilen, hörigen und allzeit kampfbereiten Schäferhundes.

Ein 1940 im Stürmer-Buchverlag erschienenes Kinderbuch des nationalsozialistischen Bestsellerautors Ernst Hiemer bietet in diesem Sinne aufschlussreiche Lektüre. In *Der Pudelmopsdackelpinscher und andere besinnliche Geschichten* wird der Fall eines suspekten Mischlings mit Mopsanteil geschildert. »Sein gekräuseltes, schwarzes Haar erinnert an einen Pudel, sein riesiges Maul mit den herabhängenden Lippen an einen Mops! Seine krummen Beine erinnern an einen Dackel und eines seiner Ohren an einen Pinscher.«

Ist es Zufall, dass besonders die Schilderung der möpsischen Physiognomie an die antisemitischen Karikaturen des *Stürmer* erinnert? Juden, dargestellt mit gierig hervorquellenden Augen, lefzenartigen Hängebacken und dicken Lippen: zeichnerische Verfahren, um den angeblich raffgierigen Charakter *des* Juden zu pointieren. Die Botschaft der »besinnlichen« Geschichte von Ernst Hiemer wird über solche Klischees heraus schnell klar: Wem so viel unreines Blut durch die Adern fließt, der kann der Volksgemeinschaft nur schaden. »Ebensowenig wie dieser Hund eine Heimat hat und irgendeinen Menschen als seinen Herrn anerkennt, hält er sich an eine Gesellschaftsordnung. Er kümmert sich nicht um die Anstandspflichten, die selbst die Hunde zu erfüllen haben.« Verschlagen und streitsüchtig sei er, dieser Mischling. »Und stehlen kann er, das muss man ihm lassen!« Natürlich kann so ein Außenseiter des Blutes nicht auf die Sympathie der Reinrassigen rechnen: »Der Pudelmopsdackelpinscher hat keine Freunde, weder bei den Menschen noch bei den Hunden.« Seine Spezialität sei es, schreibt Hiemer, andere gegeneinander aufzuhetzen und hinterher scheinheilig zu tun. »Der Pudelmopsdackelpinscher ist ein Feigling. Auf ihn allein passt das Wort: feiger Hund.« Und auch die »Endlösung« dieser Frage steht Hiemer vor Augen, wenn auch nur vage, aus heutiger Sicht aber umso unheilvoller: »Seit Jahren treibt sich der Pudelmopsdackelpinscher, dieser Rassenmischling, in unserer Nähe herum. Wir haben ihn kennengelernt in seiner Niedertracht und Gemeinheit. Aber wir wissen es: Eines Tages muss und wird sich sein Schicksal erfüllen. Erst dann ist wieder Ruhe und Ordnung in den Straßen unserer Stadt.«

Als der Mops das nächste Mal Erwähnung in der Literatur findet, ist der Krieg vorbei. Es ist davon auszugehen, dass er im verstockten Ambiente der unmittelbaren Nachkriegszeit als politisch unverdächtiges Tier keine allzu schlechte Entwicklungsprognose hatte. Erneut wird er seinem späten Ruf des anschauungslosen Witwentrösters gerecht. Als »politische Tiere« stehen im demokratischen Zeitalter nun vor allem Labradore hoch im Kurs. Berühmte Besitzer sind oder waren François Mitterand, Bill Clinton, Nicolas Sarkozy und sogar Wladimir Putin. Die freundlichen Familienhunde lösen die aggressiven Rassen ab und

Dizzy und The
Duke of Windsor

sorgen mit ihrem einnehmenden Habitus auch für Sympathiepunkte bei der Beurteilung ihrer Herrchen. Nur ein paar Adelige wie etwa der Herzog von Windsor und seine Gattin sowie Vicco von Bülow alias Loriot hielten sie sich weiterhin in guter alter nobler Tradition: Möpse.

Im Jahr 1963 passiert etwas Erstaunliches. Es ist das Entstehungsjahr von Ernst Jandls berühmtem Gedicht »ottos mops« – und es holt den erst ideologisch verunglimpften, dann verulkten und schließlich verfemten Kleinhund aus der Dunkelheit des 20. Jahrhunderts wieder ans Licht.

Ottos mops trotzt
otto: fort mops fort
ottos mops hopst fort
otto: soso
otto holt koks
otto holt obst
otto horcht
otto: mops mops
otto hofft
ottos mops klopft
otto: komm mops komm
ottos mops kommt
ottos mops kotzt
otto: ogottogott

Der österreichische Experimentallyriker schloss mit seinem Sprechgedicht, das heute als Paradebeispiel für »konkrete Poesie« Lehrstoff an deutschen Schulen ist, an die

Ernst Jandl
widmete dem
Mops ein
weltberühmtes
Gedicht

zuvor beschriebene Tradition an, den Mops als Spielfigur
zu verwenden. Ein Mops ist in der deutschen Nachkriegszeit in etwa so trivial wie der Allerweltsname Otto. Er ist
ein Otto Normalverbraucher. Otto und sein Mops sind
nicht nur onomatopoetisch ein gutes Gespann.

Und wie beim beschriebenen Ritual des Mopsordens regiert in Jandls Nonsens-Gedicht die Form, in der das Tier präsentiert wird, über sein Wesen. Der Inhalt des Textes wird durch das verwendete Lautmaterial überformt. Damit ist der Mops zum Platzhalter degradiert. Er ist ein Joker – im doppelten Sinne des Wortes. Indem Jandl das Signum des Spießers in eine avantgardistische Sprachform überführt, weist er ihm eine Rolle zu, die der Mops seit seiner Immigration nach Europa immer wieder gespielt hat: die des Narren. Der Mops bei Jandl, das ist ein Hund, bestehend fast nur aus einem prominent platzierten Vokal, der sowohl ein staunendes »Oh« als auch ein Loch, also eine Lücke in der Wahrnehmung symbolisiert. Ein Loch freilich, in das sich – wie in der zu Beginn des Buchs beschriebenen Mopsdose aus Porzellan – alles an Sinn oder Unsinn über die Natur des Mopses versenken lässt.

Ein großer deutscher Humorist hat dieses subversive Potenzial des Mopses sofort erkannt und aufgegriffen. In unzähligen Zeichnungen von Knollenmännchen und Möpsen, aber vor allem durch seine berühmten Selbstportraits mit Möpsen, hat Loriot, alias Vicco von Bülow, sie in der Bundesrepublik nicht nur rehabilitiert, sondern die zwei Seiten des Mopses endlich miteinander versöhnt. Das Biedere mit dem Anarchischen, das Träge mit dem Agilen, das Kleinbürgerliche mit dem Aristokratischen, das Spießige mit dem Exzentrischen.

Loriot stammte selbst aus einem mecklenburgischen Adelsgeschlecht, inszenierte aber in seinen Sketchen mit Vorliebe kleinbürgerliche Lebensformen. Der Satz »Ein Leben ohne Mops ist möglich, aber sinnlos«, stammt aus seiner Feder. Und dass ausgerechnet er sich mit Möpsen ablichten ließ, kann auch als augenzwinkerndes Anknüpfen an die beschriebenen adeligen Traditionen verstanden werden. In einem gefakten Nachrichtenfilm im Stil damaliger Naturschutzkampagnen informiert Loriot über das Leben des »scheuen Waldmopses«. Angeblich handele es sich um einen vom kulturellen Anpassungsprozess der Rasse verschont gebliebenen Verwandten des domestizierten Hausmopses. In deutschen Wäldern richte er jährlich

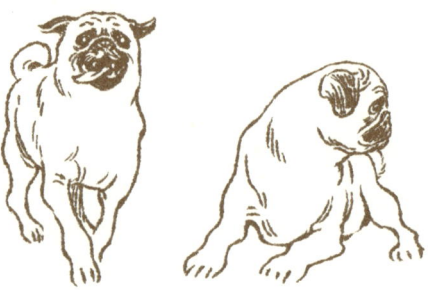

einen Pro-Kopf-Schaden von 40 000 DM an, raube Vogelnester aus, verwüste Quadratkilometer wertvollen Waldes, reiße Rotwild und stelle Singvögeln nach. So schädlich er also insgesamt sei, stellt Loriot trocken fest, bewahre der »wilde Waldmops« doch die freiheitliche Würde seiner Vorfahren. Man kann diese Verulkung des Mopses als grotesken Renaturierungsversuch einer der artifiziellsten Hunderassen überhaupt begreifen. Indem Loriot den Mops in der freien Wildbahn aussetzt, betont er seine unübersehbare Zugehörigkeit zur Sphäre der menschlichen Kultur.

Legendär wurde ein zweiter Sketch, in dem Loriot zwei deutsche Astronauten auf den Mond schickt und von der Erde aus das Geschehen kommentiert. Meyer und Pöhlmann, zwei deutschen Möpsen, sei es gelungen, trotz fehlender Atmosphäre bei Temperaturen von über hundert Grad ohne Raumanzug zu arbeiten – dank neuer »Atemtechnik« und einer äußerst »widerstandsfähigen Körperoberfläche«. Man muss sich die Symbolik dieses vermeintlich harmlosen Scherzes deutlich machen. In einer Zeit, in der noch Kalter Krieg herrschte und Sowjetunion und USA sich einen erbitterten Wettlauf um die Vorherrschaft im All lieferten, schickt Loriot zwei Möpse auf den Mond. Solide deutsche Ingenieurskunst wird dem Kräfte-

Meyer und Pöhlmann, frei nach: Loriot, Möpse auf dem Mond

messen militärisch hochgerüsteter Weltmächte gegenübergestellt. Die Möpse Meyer und Pöhlmann von der Raummission Wotan I erledigen ihre bakteriologischen Untersuchungen zuverlässig und lassen die bereits kurz nach dem Start der Sputnik II verstorbene Husky-Terrier-Dame Laika damit ziemlich alt aussehen.

84

So widerstandsfähig, wie Loriot behauptet, ist der heutige Mops natürlich nicht. Die modernen Zuchtziele, die vom internationalen kynologischen Dachverband oder dem Verband für das deutsche Hundewesen formuliert werden, machen ihn nicht nur unter ästhetischen Gesichtspunkten zu einer umstrittenen Rasse. Denn das, was dem von fragwürdiger Schönheit geblendeten Auge in seiner Tragweite vielleicht entgehen sollte, ist spätestens dann nicht mehr zu ignorieren, wenn man einmal Zeuge der möpsischen Röchel- und Schnarchgeräusche geworden ist. Es ist nicht zu leugnen, der Mops hat ein Atemwegsproblem. Seine im Verlauf der Züchtungshistorie in grotesker Weise zum Verschwinden gebrachte Nase macht es dem weichen Winzling schwer, sich hundewürdig durch den Alltag zu schlagen. Chronische Atemwegsschwellungen und -entzündungen sind an der Tagesordnung. Gegner dieser extremen Typisierungen beim Züchtungsdesign der Tiere sprechen daher von »Qualzucht«. Der Fang – für Laien auch Schnauze genannt – hat »kurz, stumpf, quadratisch« zu sein, befindet der derzeitige Rassestandard für Möpse. In der Sprache der Zuchtrichter: »sehr schön nasenlos und schöner Turnup«. In aufwendigen Operationen müssen den Tieren oft die Nasenlöcher erweitert und die Gaumensegel gekürzt werden. Auch mit der Hüfte gibt es ständig Probleme. Selbst das Werfen von Welpen fällt der Möpsin und mopsähnlichen Kleinhunden schwer. Zwar ist Qualzucht seit mehr als vierzig Jahren in Deutschland im Rahmen des Tierschutzgesetzes verboten, allerdings ist die Definition, was genau unter »Qualzucht« zu verstehen sei, recht schwammig. Eine Gesetzesnovelle von 2013 hat nicht wirklich Klarheit gebracht, denn die großen Verbände haben kein besonders großes Interesse an gemäßigt aussehenden Möpsen. Schließlich verdienen sie den Großteil ihres Geldes mit Hundeschauen, und dort ist nun einmal das Extreme und Exzentrische gefragt. 2002 wurde in Deutschland der Mops- und Pekinesen Rassehunde-Verband gegründet, der sich artgerechtere Züchtungsziele auf die Fahnen schreibt. Das im heutigen Rassestandard propagierte Mopsideal lautet: »deutlich eingebettete und niemals vorstehende Augen, ein deutlich erkennbarer Fang, ein frei liegender Nasenschwamm sowie ein Gewicht von 8,0 bis 11,0 Kilogramm«. Diese Beschreibung entspricht in etwa dem Erscheinungsbild des Mopses, das um 1900 schon einmal verbreitet war. Nach Auskunft seiner Züchter verkauft sich der »altdeutsche Mops« im Retro-Taumel der Gegenwart wie heiße Buletten. Züchter propagieren auf ihren Websites aber auch den »Sportmops«, was nur ein anderes Etikett für das gleiche Zuchtideal ist: Schlank, fit und langbeinig, so sieht der heutige Mops von Welt aus. Nicht nur seine Besitzer werden gesundheitsbewusster, auch ihre Haustiere sollen es sein. Was bleibt dem Mops anderes übrig, als auch diese Mode mitzumachen?

KAPITEL 6

Der Mops ist *campy*

Berlin, 23. August 2014. Zweihundert Möpse und ein paar verwandte Artgenossen tummeln sich auf dem Gelände einer Hundeschule im Westberliner Bezirk Lichtenrade. Der Kuchenbasar läuft seit Stunden auf Hochtouren, der Wurstbudenbetreiber sitzt auf glühenden Kohlen, und die Bierzapfanlage ist seit den frühen Vormittagsstunden in Betrieb. Noch auf dem Parkplatz wird man von seltsamen Hechelgeräuschen auf das bevorstehende Großereignis eingestimmt. Verkäufer bieten gleich hinter dem Eingang mit Strasssteinchen besetzte Hundehalsbänder feil. Zwei Brüder aus Potsdam verkaufen mit einigem Erfolg ein selbst entwickeltes Hunde-Eis. Es besteht im Wesentlichen aus

Joghurt, ist in den Geschmacksrichtungen »Lachs« und »Rind« zu haben und wird von den anwesenden Möpsen gierig aus den kleinen Bechern geschleckt. Nun wird ein erstaunlich draller Mops an einer Leine aus zusammenge-knüpften Plastikwürsten zum Registrierschalter geführt. Ein Rennen der exklusiveren Art soll heute stattfinden. Und dort drüben zeigen sie sich schließlich dem Besucher des Internationalen Mopstreffens: Deutschlands exquisi-teste Kleinhundebesitzer.

Was sofort auffällt: Den hier versammelten Möpsen lässt sich kaum eine kohärente Gruppe von Menschen, ge-schweige denn ein einheitliches Besitzer-Milieu zuordnen. Vom kleinbürgerlichen Gartenlaubenpublikum über den tätowierten Heavy-Metal-Fan, das Wilmersdorfer Rent-nergespann bis hin zur Schöneberger Schwulenclique ist ein erstaunlich großes Spektrum von Hundebesitzern ver-treten. Sie haben wenig gemein, aber doch ein Ziel: Sie wollen den Mops, mit dem sie nach Berlin gereist sind, an den Startblock bringen.

84 Hunde sind es schließlich, die für die Fünfzig-Meter-Strecke zugelassen sind. Das Publikum steht so dicht ge-drängt an der rot-weißen Absperrung, dass es schwierig ist, einen Blick auf die sprintenden Möpse zu werfen. Als es zu guter Letzt doch noch gelingt, ein Plätzchen zu ergattern,

wird ziemlich schnell klar, dass Möpse nicht besonders ehrgeizig sind. Sie starten mit 180 Sachen aus dem VIP-Block, müssen meistens von einem mitlaufenden Frauchen oder Herrchen zur fortgesetzten Bewegung animiert werden, und nicht selten kommt es vor, dass ein Mops auf halber Strecke abbremst, ein wenig an den Beinen der Herumstehenden schnüffelt und dann wie vom Hafer gestochen zum Startblock zurückrennt. Engelbert, eine eher athletische Erscheinung, hat zunächst gute Chancen, die Konkurrenz hinter sich zu lassen, aber er gerät etwa bei

Meter fünfundzwanzig fürchterlich ins Trödeln. Einen Rekordlauf von 6,02 Sekunden legt am Ende ein Sportmops namens Cookie zurück, knapp gefolgt von Monty und der drallen Möpsin Berta. Ein Ferdinand werde vermisst, tönt es aus den Lautsprechern. Doch das kann die aufgeputschte Stimmung an der Rennstrecke kaum trüben. Wer jetzt kein Hunde-Eis schleckt, ist ein Kostverächter.

Nachdem der Mops jahrzehntelang wegen Rufschädigung fast vollständig aus den guten deutschen Stuben verschwunden war, gibt einem die aktuell zu beobachtende Mops-Mode einige Rätsel auf. Wie ist der neuerliche Glamour, den er offensichtlich vor allem auf distinktionsbewusste urbane Zeitgenossen ausübt, zu erklären? Eine Antwort darauf gibt möglicherweise ein Text der amerikanischen Essayistin Susan Sontag (1933–2004) aus dem Jahr 1964. Er handelt von den Geschmackskaprizen der New Yorker Kunstszene und von den Begründungen ihrer ästhetischen Urteile. Dazu gehöre jene »Erlebnisweise« (*sensibility*), die unter dem Kultnamen »Camp« bekannt sei. Der inzwischen kanonisch gewordene Aufsatz galt bereits bei seinem Erscheinen als wegweisend, denn Sontag unternahm darin erstmals den Versuch, im landläufigen Sinne als kitschig denunzierte Vorlieben der damaligen

Stil-Avantgarde auf einen positiven Begriff zu bringen. Sie fragte sich, weshalb es in ästhetisch avancierten Kreisen auf einmal möglich wurde, sich offen zu Artefakten zu bekennen, die eindeutig dem Massengeschmack zuzuordnen waren, die also mit schrillen Effekten und billigen Pointen operierten. Damit meinte sie vor allem solche Objekte, die offensichtlich weder einen ästhetischen noch einen politischen Mehrwert hatten. Als Beispiele nannte Susan Sontag das zum Gassenhauer verkommene Tschaikowski-Ballett *Schwanensee* oder populäre Unterhaltungsfilme im Stil von *King Kong*. Weitere Objekte waren Kultcomics, die unvollendete Kathedrale Sagrada Familia von Antoni Gaudí oder Lampen des Glaskünstlers Louis Comfort Tiffany. Sie taufte all diese selbst von Connaisseuren goutierten Konsumgüter »campy«. Denn Camp sei eine Art unter

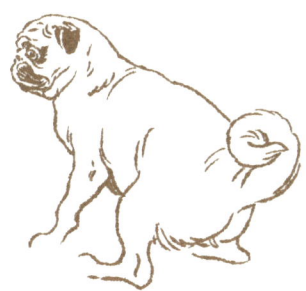

anderen, die Welt als ästhetisches Phänomen zu betrachten. »Nicht um Schönheit geht es dabei, sondern um den Grad der Künstlichkeit, der Stilisierung.«

Damit bezog Sontag sich auf einen Begriff, der bereits im frühen 20. Jahrhundert in Europa etabliert war und dessen Etymologie im Übrigen ebenso unklar ist wie seine Verwendungsweise, der damit also selbst den Charakter dessen hat, was er notdürftig bezeichnet. Camp war ein umgangssprachlicher Ausdruck der Theaterwelt, der höheren Stände und städtischen Subkulturen. Er zirkulierte ebenso in der Modebranche wie im Showbusiness. Camp wird aber auch zum Inbegriff eines überpflegten Schreibstils, wie er vor allem von Oscar Wilde (1854–1900) unter dem Stichwort »Ästhetizismus« vertreten wurde. Merkmale waren der aristokratische Habitus des Autors, seine ironisch-frivole Welthaltung sowie sein Hang zu Theatralik. Alles wurde noch überboten vom bewusst betriebenen Verwirrspiel mit Geschlechteridentitäten. Die frühe, auf Travestie setzende Homosexuellenbewegung wird bis heute mit dem Camp-Begriff in Verbindung gebracht. Und auch der sexuell schwer zuzuordnende Mops, dessen Herkunftsmilieu sich an königlichen Höfen und anderen zeremoniefreudigen Orten findet, ist in gewisser Weise Camp. »Man sollte entweder ein Kunstwerk sein oder ein Kunstwerk tragen«, hat Oscar Wilde einmal als Parole ausgegeben. Für den Mops lässt sich das folgendermaßen übersetzen: Er war seit seiner Ankunft in Europa immer beides, Kunstwerk und Accessoire, im weitesten Sinne ein leeres Zeichen, mehr Bezeichnendes als Bezeichnetes, beliebig befüllbar mit den Obsessionen, Vorlieben und Idiosynkrasien der jeweiligen Epoche, die sich ihn zum puren Vergnügen hielt. Konnten andere Hunderassen mit Funktion und Kraft punkten und wie Dogge oder Schäferhund vor den Karren der Politik gespannt werden, blieb der Mops immer eher eine Frage des Stils. Und »den Stil betonen«, schreibt Susan Sontag, »heißt den Inhalt vernachlässigen«. (Hier schließt sich der Kreis zu Jandls Mopsgedicht.) Es verstehe sich von selbst, die Erlebnisweise des Camp sei »unengagiert, entpolitisiert – oder zumindest unpolitisch«. Doch was macht den Mops im Unterschied etwa zu einem Schäferhund so gänzlich ungeeignet für jede langfristige politische Vereinnahmung? Auch hier hilft Susan Sontag weiter, denn »nichts an der Natur kann ›campy‹ sein«. Mit anderen Worten: Das Phänomen Camp lebt von der Idee totaler Gemachtheit. Da die meisten Ästhetiken, Philosophien oder politischen Theorien sich auf eine Form des Natur- oder später auch des Vertragsrechts berufen, muss alles, was campy ist, als oberflächlich und künstlich zurückgewiesen werden. Die Nähe der Camp-Kultur zur Homosexuellenszene – und nicht umsonst ist der Mops seit einigen Jahren der Paradeschoßhund der Schwulen – lässt sich leicht aus dieser »Verweigerung« vermeintlich natürlicher Ordnungen herleiten. Sie liege im Fall der Homosexuellen-Ästhetik in der Travestie der konventionellen Darstellungsformen des eigenen Geschlechts, sagt Sontag. »Das Schöne am männlichen Mann ist etwas Weibliches, das Schönste an einer weiblichen Frau ist etwas Männliches.« Fortgesetzt könnte man sagen: Das Schönste am Mops ist seine Polyvalenz.

Und noch etwas anderes macht die Ästhetik des Camp Susan Sontag zufolge interessant für die Homosexuellen-Szene, für ihren oft mit Nachdruck praktizierten Dandyismus. Im 19. Jahrhundert sei der Dandy in Fragen der Kultur nämlich ein bürgerlicher Erbe des Aristokraten gewesen. Camp sei nun die Antwort auf das Problem: »Wie kann man im Zeitalter der Massenkultur Dandy sein?« Zelebrierte der Dandy noch seinen blasierten Rückzug ins Elitäre, in die Welt der edlen Tropfen, der extravaganten Kleidung und der lateinischen Poesie, habe der Kenner des Camp keine Berührungsängste mehr mit dem Vulgären. Er mache es sich in spielerischer Weise zu eigen. Wilde selbst sei, so Susan Sontag, eine Übergangsfigur gewesen, gewissermaßen jemand, der zwischen dem konservativen Dandy des 19. Jahrhunderts und dem Camp-Kenner unserer Tage steht, ein schwuler Nachkomme des Aristokraten in Geschmacksfragen. »Wenn er die Bedeutung der Krawatte, der Knopflochblume oder des Stuhls proklamierte, zeigte Wilde den demokratischen Geist des Camp.«

Der »Geist des Camp« ist aber auch der Geist des Mopses. Beide haben etwas zu tun mit zur Schau gestellter Extravaganz, und damit ist der Bruch mit sozialen Konventionen und bürgerlichen Kodizes immer schon mitgedacht. Wie versucht wurde zu zeigen, ist besonders das 18. Jahrhundert, das den kleinen Hund im wahrsten Wortsinn zum Groteske-Star gemacht hat, eine Fundgrube für Übertreibungskünstler. »Camp in Personen oder Sachen wahrnehmen heißt die Existenz als das Spielen einer Rolle begreifen.« Das deckt sich gut mit der Vorliebe des Spätbarocks für aufwendige Inszenierungen. Auf den Mops gemünzt bedeutet es außerdem: Der Mops, wenn man seine Rolle als Travestiekünstler ernst nimmt, wird erkennbar als exemplarischer Teil und Ausdruck der Camp-Kultur. Kein Tier wird derartig häufig und bis zur Lächerlichkeit verkleidet abgebildet: Die amerikanische Science-Fiction-Komödie *Men in Black* aus dem Jahr 1997 macht einen sprechenden Mops zur prominentesten Nebenfigur.

Matrosenmops,
Hasenmops:
Mopsverkleidun-
gen im 21. Jahr-
hundert

Das Internet ist voll von Möpsen, die Brautkleider,
Weihnachtsmützen oder Batman-Kostüme tragen
und die dabei ihr gewohnt sorgenvolles Gesicht auf-
setzen. Schlimmer ergeht es derzeit womöglich nur
kleinen Katzen.

Seine natürliche schwarze Maske auf traditionell hellem
Fell erinnert uns jedoch an die frühe Karriere des Mopses
als Assistent des Harlekins. Er steht heute für alles, was
die Postmoderne einst als Tugend erkannt und zum Boll-

werk gegen Ideologien aufgewertet hat: verspielte Exaltiertheit, sexuelle Uneindeutigkeit, Pazifismus, maximale Künstlichkeit sowie etwas, das man als Lust am schlechten Geschmack bezeichnen könnte. Der Mops ist genau wie die Ästhetik des Camp es entfaltet keine Substanz, sondern eine Erfahrung.

Längst sind es nicht mehr nur alte Jungfern, die sich für ihn erwärmen. Die neuen Spielarten urbaner Bürgerlichkeit haben den Mops in die bunte Welt der Großstädte zurückgebracht. 2014 wurde in Berlin ein Loriotdenkmal eingeweiht – mit wildem Waldmops. Die Begründer des Mopsordens würden sich ungläubig die Augen reiben: Möpse gehören heute neben Terriern zu den meistgesehenen Kleinhunden in westlichen Metropolen. Ihre Besitzer gelten in Bezug auf ihre dicklichen Begleiter als »ironiefähig«.

»Camp-Geschmack«, so beendete Susan Sontag ihren legendären Aufsatz, »nährt sich von der Liebe, die in gewisse Gegenstände und individuelle Stile eingegangen ist«. Das Fehlen dieser Liebe auch für die lächerlichsten menschlichen Leidenschaften sei ein sicheres Anzeichen dafür, dass es sich nicht um Camp, sondern um Kitsch handelt. Doch mit der Liebe für das schön Verfehlte ist es freilich eine zweischneidige Sache. Daher schließt Susan Sontag ihren

APUGALYPSE

One day, we will rise. And on that glorious day,
we will remember the sweaters you made us wear.

Internet-Auftritt
des Mopses
als Untergangs-
prophet
 Aufsatz mit einem Paradox, das die nun seit Jahrhunderten bestehende Ambivalenz des Mopses vielleicht am besten beschreibt: »Das ultimative Camp-Statement lautet: Es ist gut, weil es schrecklich ist.« Insofern haben beide recht: die Verächter des Mopses und seine Fans. Man muss sich einfach entscheiden. Mopsfra-

gen sind in erster Linie Haltungsfragen. Oder wie es der sprechende Mops in *Men in Black* formuliert: »If you don't like it, you can kiss my furry little butt!«

Autorin mit Mops

Gedanken zur Physiognomie des Mopses

Ein Essay von Slaven Waelti

Was kann man über Möpse wissen? Die Geschichte des Mopses ist, wie dieses Buch gezeigt hat, nicht zu trennen von der des Menschen. Denn es ist die Geschichte der Erschaffung des Mopses durch menschliche Züchtung und die seiner Einbettung in unterschiedliche Kulturformen. Schließlich begegnen Tiere uns nicht in einem schlichten *no man's land*, sondern immer schon zu einer gewissen Zeit, in einer bestimmten Kultur. Unsere Antwort auf die Frage »Was ist ein Tier?« hängt also von unserem Verständnis der sogenannten menschlichen Natur ab. »Tier« und »Mensch« als Begriffspaar bedingen einander – etwa in der klassisch-antiken oder ägyptischen Mythologie, wo Mensch und Tier regelmäßig miteinander verschmelzen. Oder umgekehrt in den neuzeitlichen Schriften René Descartes', der dem Tier als »ausgedehnter Sache« (*res extensa*) jeden Zugang zur »Sache des Denkens« (*res cogitans*) abspricht. Was denkt der Mops?, wäre also eine müßige Frage, denn egal, wie nah oder fern uns das Tier erscheint, es bleibt aus menschlicher Perspektive und für das menschliche Verständnis eine *black box*, ein Rätsel also, dem erkenntnistheoretisch nicht beizukommen ist. Das Tier, sagt Rainer Maria Rilke in seiner berühmten achten *Duineser Elegie*, »sieht ... das Offene«. Will sagen: Es blickt in eine vorbegriffliche Welt. Der sinnsuchende Mensch hingegen legt sich die Welt immer schon nach Zweck und Nützlichkeit zurecht. Das »Offene« können wir, das ist Rilkes Pointe, nur vermittelt erblicken. Durch das Tier nämlich oder »aus des Tiers Antlitz allein«. Was begegnet uns nun, wenn wir in des Mopses Antlitz blicken?

Der Mops begegnet uns zunächst als schwarzes Antlitz mit gerunzelter Stirn und besorgter Miene. Egal, wie man seinen Gemütszustand jeweils interpretiert – ob man ihn als fröhlich, verärgert, traurig oder naiv bezeichnet – der Mops trägt immer dieselbe so starre wie vieldeutige Maske, die ihm eine lange Zuchttradition verpasst hat. Und zu keinem anderen Hund passt ja der kynologische Fachausdruck »Maske« besser als zum Mops, denn der kleine Spielgefährte des Menschen ist, wie wir gesehen haben, kulturell mit der Figur des Harlekins verwandt. Dieser trägt in der Commedia dell'Arte neben einem Holzschwert und dem farbigen Kostüm aus zusammengenähten Rauten immer auch eine runzelige schwarze Maske, die sich bis über die Stirn erstreckt, und in vielen romanischen Sprachen gab ein berühmter Narr ihm ja sogar seinen Namen. Wenn nun also der Mops eine Art Verwandter des Harlekins ist, sollten wir zunächst nach der Natur dieses fahrenden Gauklers fragen. Kann er uns Aufschluss über das Wesen des Mopses geben?

Wie die Figuren des Pierrots, des Scaramuz' oder der Colombina hat auch der Harlekin in der Commedia dell'Arte unveränderlich feste Züge: Manchmal wird er als obszön oder dämonisch beschrieben, meistens jedoch als einfältig und simpel, vor allem aber als äußerst agil. Er macht gerne Sprünge und Kapriolen, tanzt über die Bühne und reißt Possen, die unter dem italienischen Namen *lazzi* überliefert sind. Hinter der schwarzen Maske verbirgt sich ein heiterer Zeitgenosse, der nur eine einzige Sorge zu kennen scheint: Wein, Weiber und Moneten. Eine seiner Höchstleistungen besteht darin, seinem Herrn mit Tricks – sei es durch Schelmenstreiche oder kleine Charmeoffensiven – ein Paar Münzen aus der Tasche zu ziehen. Ganz wie der Mops verführt der Harlekin mit Possen. Um seine Bedürfnisse nach Trank und Kost zu befriedigen, ist ihm fast jedes Mittel recht, denn der Harlekin hat keine Angst, sich lächerlich zu machen. Würde und Anstand sind ihm einerlei. Er ist ein Narr *par excellence*.

Damit eignet er sich nicht zur tragischen Figur. Denn was macht die Tragik eines Theaterhelden aus? Es ist das Wissen um die Prekarität seiner Existenz, um seine Endlichkeit – eine philosophische Sorge, die definitiv nicht ins Repertoire des Harlekins gehört. In *Die Unbeständigkeit der Liebe (La double inconstance)* des französischen Dramatikers Pierre Carlet de Marivaux (1688–1763) begehrt ein Prinz die Verlobte des Harlekins. Der Prinz hat leichtes Spiel, die Liebenden auseinander zu manövrieren, denn der Harlekin lässt sich einfach manipulieren: Am Ende genügt ihm als Ersatzbraut eine kluge Intrigantin mit Zugang zu den höfischen Küchen. Der Harlekin ist wechselhaft im Wesen, sein Wünschen und Wollen an den Augenblick gebunden. Er ist entweder fröhlich oder traurig, beides nie für lange Zeit. Nicht selten weint er zu Beginn einer Szene und beendet sie mit leichten lustvollen *lazzi* – ganz so, als hätte es das andere nie gegeben. So wankelmütig der Harlekin nun sein mag, seine schwarze Maske behält immer denselben Ausdruck. Auch hierhin ähnelt er dem Mops. Ob man den kleinen Hund nämlich wesensmäßig fröhlich oder traurig nennt: Der Mops kann nur ins »Offene« blicken, mit immer gleicher Miene. Und zwar besorgt.

Wenn der Mops uns lustig erscheint, dann deshalb, weil er mit Nietzsche gesprochen ein »an den Pflock des Augenblicks« gekettetes Wesen ist. Eines, das kein »Vorher« und kein »Nachher« kennt. Und dennoch ist es nicht das, was wir sehen, wenn wir den Mops sehen. Denn dieser scheint anders, als sein komödiantisches Naturell uns nahelegt, von einer existenziellen Sorge geplagt. Auf seiner gerunzelten Stirn, in seinen großen Augen, die ihm jederzeit aus dem Kopf zu springen drohen, und in seinen in Richtung des Herrchens abgeklappten Öhrchen lesen wir die Last eines unheimlichen Wissens. Nicht so müde wie der Basset, nicht so finster wie die Bulldogge, nicht so traurig wie der Spaniel: Der Ausdruck des Mopses ist besorgt. Aber macht der kleine Hund sich ernsthaft Sorgen? Und wenn ja, worüber?

Martin Heidegger hatte in seinem Hauptwerk *Sein und Zeit* die Seinsweise des Menschen als Sorge bezeichnet. Damit war etwas gemeint, das nichts mit alltäglichen Besorgnissen zu tun hat, sondern mit unserem tiefen Bezug zur eigenen Existenz. Unser Bezug zur Welt sei strukturiert durch unsere Angst, sie eines Tages wieder verlassen zu müssen. Eine Welt, die durch die existenzielle Sorge aus- und festgelegt wird, ist jedoch nicht geprägt durch »das Offene«, in das das Tier blickt, das von seinem Ende selbst nichts weiß, sondern durch das mittels menschlicher Auslegung Begrenzte. Begrenzt, schreibt Heidegger, ist die Menschenwelt dadurch, dass sie immer schon als ein Bezugsnetz von im Wortsinn »vorhandenen«, also vor der Hand liegenden Werkzeugen zur Existenzsicherung gesehen wird. Wir haben uns die Welt zunutze gemacht und sie dadurch begrenzt. Anders das Tier: Es kennt keine Zukunftsangst. Die Paradoxie des Mopses besteht nun darin, dass er zwar (wie auch der Harlekin) keine existenzielle Sorge kennt, gleichwohl aber über eine Physiognomie verfügt, die wir als sorgenvoll empfinden. Ist das der Grund, weswegen uns das kleine groteske Tierchen dermaßen rührt? Ist es unsere eigene Sorge, die wir auf sein runzeliges Gesichtchen projizieren? Ein Gesicht, das wir seit Jahrhunderten durch Züchtung optimieren und erhalten. Mit dem Mops wurde ein Wesen erschaffen, das – wie Tierschützer manchmal bedauern – als ein durch und durch »künstliches Tier« zu bezeichnen ist. Den Mops gibt es in der Natur nicht. Künstlich und »durchdesignt« nach Kriterien, die von Menschen entworfen worden sind und die den Mops nicht unbedingt zum »fittesten« Tier im nackten Kampf ums Überleben machen. Ein adipöser und ständig verschnupfter Hund hätte schlechte Karten, wenn er bei der Nahrungssuche auf die Hilfe des Menschen verzichten müsste. Der Mops ist salopp gesagt ein Wunder der Natur, das in der Natur selbst gar nicht vorkommt, wohl aber in der Sphäre der menschlichen Kultur. Man kann ihn nicht ohne den Menschen denken. Umgekehrt dient der Mops dem Menschen zur Selbstvergewisserung. Loriots berühmter Satz »Ein Leben ohne Mops ist möglich, aber sinnlos«, ist daher nicht nur ein alberner Scherz. Er hat bei genauerer Betrachtung einen philosophischen Kern. Denn im sorgenvollen Gesicht des Mopses spiegelt sich frei nach Heidegger vor allem eines wider: unsere eigene Lebenssorge. In der Moderne ist der Mensch wie der Mops existenziell angewiesen auf ein in seiner Komplexität kaum verständliches System, sei es auf Technologien, die sein Überleben sichern, funktionierende Sozialstrukturen, ökologische und ökonomische Prozesse, die der Einzelne ebenso wenig durchdringt wie der Mops die Bedingungen seiner Existenz. Die meisten unserer Technologien verstehen wir nicht wirklich und wir wären als Einzelne niemals imstande, sie zu rekonstruieren. Wenn beispielsweise alle Computeringenieure auf einen Schlag von der

Erde verschwänden, würden wir ebenso erschrocken in die Welt blicken wie der Mops, der von seinen Voraussetzungen nichts weiß, sie allenfalls erahnt. Man könnte es auch so formulieren: Der Mensch vertraut sich mehr oder weniger blind einem Kreis von Experten an so wie der Mops sich seinem Herrchen. Vielleicht hätscheln wir den kleinen Hund deswegen so sehr, weil er uns an unsere eigene Hilfsbedürftigkeit erinnert.

Montaigne fragte in seiner *Apologie de Raymond Sebond*: »Wenn ich mich mit meiner Katze belustige, woher weiß ich, ob sie sich nicht über mich lustig macht?« Für den Mops wäre diese Frage ausgeschlossen. Er belustigt uns zwar, aber anders als bei den unabhängigen Katzen scheint es ausgeschlossen, dass er uns zum Narren hält. Er ist die treue Sorge, die uns an die Fragilität unseres Daseins erinnert. Er tut es sorglos. Denn kein anderes Tier versteht es, die härteste Wahrheit über uns auf die denkbar tröstlichste Weise zu formulieren: nämlich mit fröhlichen harlekinmäßigen *Lazzi*, für die der Mops weltweit und ungebrochen geliebt wird.

INHALT

KATHARINA TEUTSCH, geboren 1977, ist Kulturwissenschaftlerin und lebt in Berlin. Sie ist seit 2007 Mitarbeiterin des FAZ-Feuilletons, schreibt auch u.a. für die ZEIT, den Freitag und das Philosophiemagazin. Darüber hinaus produziert sie Radio-Features in den Bereichen Geisteswissenschaften und Literatur.

FALK NORDMANN, Zeichner und Illustrator, lebt und arbeitet in Berlin. Ab 2007 Umschlaggestaltungen und Autorenportraits, seit 2013 Tierillustrationen für Matthes & Seitz Berlin.

Die Autorin dank dem Nederlands Letterenfonds für die Unterstützung im Rahmen des Writer-in-Residence-Programme.

Der Abdruck des Gedichtes »ottos mops« von Ernst Jandl mit freundlicher Genehmigung des Verlags, erschienen in: Ernst Jandl, *poetische Werke*, hrsg. von Klaus Siblewski © 1997 Luchterhand Literaturverlag, München, in der Verlagsgruppe Random House GmbH.

Erste Auflage Berlin 2015

Umschlag und Illustration: Falk Nordmann, Berlin
Satz und Herstellung: Hermann Zanier, Berlin
Druck und Bindung: Pustet, Regensburg
Printed in Germany

ISBN 978-3-95757-151-9

www.matthes-seitz-berlin.de